あらゆる職場ですぐに使える

人為ミスの未然防止手法 A-KOMIK

エイ コミック

人為ミスゼロ実現のための考え方と手法

冨澤祐子・中山賢一 著

日科技連

はじめに

書籍『管理監督者のための人為ミス未然防止法 A-KOMIK』によってA-KOMIK を初めて世に送り出したのは2003年7月です。あれから13年、A-KOMIK を大きく育てるために試行錯誤を続けております。

A-KOMIK は本書のタイトルが示すとおり、人為ミスを未然防止するための手法です。

A-KOMIK とは、

【A】**あいまいさ**を見つける

【K】決めごとを**決める**

【O】決めごとを**教える**

【M】決めごとを**守らせる**

【I】**異常**を見つけ処置する

【K】よりよい決めごとに**改善**する

という、製造現場の監督者が行う日常管理活動をステップ別に並べた造語です。

「現在使っている標準類には、まだどこかに問題があるはずだ」という現状否定で日常管理活動に取り組むところに特徴があります。これが最初のステップ、A(あいまいさを見つける)の意味するところで、攻めの日常管理です。このため“未然防止型日常管理”と名付けています。

「人為ミスの未然防止活動は、監督者の日常管理活動そのもの」というのが私どもの主張です。つまり、人為ミスの未然防止活動は、ある期間、一部の人が、特別な手法で問題解決を行うものではないということです。

監督者の日常管理を、A(あいまいさを見つける)からスタートする未然防止型の日常管理 A-KOMIK に変えて、ものづくりの現場からあいまいさがなくなるまで、毎日継続して A-KOMIK サイクルを回すことこそが、遠回りのようで最も効果的な人為ミスの未然防止法だということです。

この「未然防止」というキーワードですが、どうも言葉が先行し、独り歩きし、実態を伴っていないような気がします。多くの会社が人為ミスの未然防止活動に取り組まれていますが、「何を、どうすることが人為ミスの未然防止なのか」という確かな定義に結びついていない感じを受けます。

一方、社外に目を転じますと、品質トラブルがここ数年増えてきております。これを統計データで見ると良くわかります。国産車のリコール対象台数が2014年には900万台と激増しています。この年の国内販売台数は566万台ですから、この数の大きさは驚きです。さらに、食品の自主回収件数(独立行政法人農林水産消費安全技術センター)も2003年に159件だったものが2014年には1014件と6倍以上に激増してきました。

これらのデータから企業の製造現場における品質トラブル(7～8割は人為ミス)の実態がおおよそ想像できるのではないでしょうか。

これほど大きな人為ミスですが、起こした問題に対する再発防止活動や、発生を未然に防ぐための粘り強い取組みへのこだわり、幹部のみなさんの危機意識が感じられません。まだまだ人為ミスは、起こした作業者レベルの問題として軽く扱われている感があります。だからこそ、品質トラブルが増えてしまうのです。

2015年4月号から4回シリーズで日本科学技術連盟の機関紙『日科技連ニュース』に「人為ミスゼロ化の考え方と手法」を連載する機会に恵まれました。読者のみなさまからの反響をお聞きする中で、品質を重視している企業にとって、「人為ミスゼロの実現は究極の目的である」とあらためて実感いたしました。

さらに、この連載を通じて、A-KOMIKサイクルが製造業のように限定されたサイトの中で完結せず、業務の多くが本社とは別の場所(客先など)で行われる、保守サービス、メンテナンス、清掃サービス、物流といったいわゆる職場分散型のサービス業務においてもA-KOMIKが必要であることを痛感しました。サービス業務は作業の標準化という考え方だけでは作業者一人ひとりの行動を規制しにくく、個人の自己管理力や基本動作の習慣化の強弱がそのままミスの発生につながってしまうという特徴があるからです。

このような問題意識のもと、本書では特に、著者の長年の現場第一線での指導実績をもとに、人為ミスゼロの実現という目的は同じくするものの、製造業とサービス業務のアプローチの違いについても解説します。

人為ミスは「人間の行動における自然な副産物」で、いつでも、誰でも起こす可能性があります。これを限りなくゼロに近づけるためには、これまでの作業のやり方を作業者の心理面から見直して、まったく新しいやり方を再設計する、という視点が求められます。

第1章では、人為ミスの発生原因を管理面の問題と心理面の問題に分けて、「人為ミスはなぜ発生するか」についてわかりやすく、鳥瞰的に解説します。

第2章では、人為ミスの原因である、「管理の3つの欠陥(直接原因)」「人の13の心理メカニズム(間接原因)」を利用し、実際に再発防止策を導き出すための方法＝TSB(トラブル・再発・防止)について解説します。

第3章では、さまざまな職場で取り組まれている未然防止活動について、実際の製造業向けの指導事例としてA-KOMIKを活用した人為ミスの未然防止法をご紹介します。

第4章では、製造、事務などのスタッフ業務、設計などの知識集約的業務、設備メンテナンスなどの専門性の高い業務、ビル清掃やスーパーのレジ業務などのスキル業務、建設工事など、さまざまな業務でA-KOMIKを有効に活用する方法について解説します。

ぜひ、本書を活用して職種、業態に合わせたA-KOMIK活動を工夫し、究極の目標である人為ミスゼロの職場を実現していただきたいと思います。

最後になりましたが、本書を上梓するに当たっては、日科技連出版社の木村修氏はじめ、出版部編集グループのみなさまに、出版に関していろいろと献身的にお世話をいただきました。この場をお借りして深く感謝申し上げます。

2017年3月

人為ミス研究所　代表　中山　賢一
一般社団法人中部産業連盟
主任コンサルタント　　冨澤　祐子

あらゆる職場ですぐに使える
人為ミスの未然防止手法 A-KOMIK（エイコミック）

人為ミスゼロ実現のための考え方と手法

目　次

はじめに………iii

第1章 人為ミスはなぜ発生するか………1

1.1　人為ミスは誰でも起こす………1
1.2　「数字の見間違い」から考えてみる………3
　1.2.1　層別しないと原因は見えてこない………3
　1.2.2　「管理」と「人の心理」の問題の絡み合い………4
1.3　直接原因と間接原因………6
　1.3.1　直接原因は管理の問題………6
　1.3.2　間接原因は人の心理の問題………9
1.4　人為ミスはなぜ起きるか………14
　1.4.1　概念図で見る人為ミス………14
　1.4.2　管理の3つの欠陥………17
　1.4.3　人の13の心理的な弱点………21
　1.4.4　13の心理メカニズムの解説と60の事例………33

第2章 人為ミスの再発防止法　TSB(トラブル・再発・防止)………41

2.1　人為ミスの再発防止に向けて発想の転換を………41
2.2　人為ミスは監督者の責任………42
2.3　管理で防ぐ人為ミス………43
2.4　人為ミス再発防止法 TSB(トラブル・再発・防止)………43
　2.4.1　一般的な不良対策と人為ミス対策の違い………43
　2.4.2　人為ミス対策書の作成………44
　2.4.3　ステップ1　人為ミス発生状況のスケッチ………45
　2.4.4　ステップ2　直接原因の特定と対策の立案………48
　2.4.5　ステップ3　間接原因の特定と対策の立案………53
　2.4.6　ステップ4　フォローアップ計画策定………62

第3章 人為ミス未然防止活動の実践………65

3.1 人為ミス対策書を活用した取組み………65
3.1.1 再発防止から未然防止へ………65
3.1.2 対策フォローアップを通じた効果の確認………66
3.1.3 教育用教材「人為ミス事例集」の作成………66
3.1.4 人為ミス原因マップの作成………67
3.1.5 活動計画書の作成………68
3.1.6 EHM モデルによる職場の弱点補強対策………70
3.2 自己管理力を開発する取組み………71
3.2.1 人為ミス教育の必要性………71
3.2.2 基本的な考え方の確認………71
3.2.3 基本動作の習慣化による感度向上………73
3.3 製造業での A-KOMIK を活用した取組み………76
3.3.1 A-KOMIK とは………76
3.3.2 A-KOMIK の教育訓練………77
3.3.3 A-KOMIK 全社活動(自工程完結活動)………78
3.3.4 A-KOMIK アドバンスコース………80
3.4 リスクマップ分析を活用した取組み………83

第4章 あらゆる職場で使える A-KOMIK………85

4.1 未然防止型日常管理 A-KOMIK………85
4.2 A-KOMIK のありたい姿………86
4.3 製造業と非製造業における A-KOMIK 活用の違い………87
4.4 製造業における A-KOMIK………88
4.4.1 繰返し性の高い工場生産………88
4.4.2 多品種少量品の工場生産………104
4.5 非製造業における A-KOMIK………105
4.5.1 事務などのスタッフ業務………105
4.5.2 設計などの知識集約的な業務………107
4.5.3 設備メンテナンスなどの専門性の高い業務………109
4.5.4 ビル清掃などのスキル業務………111
4.5.5 建設工事などの危険業務………113

索引………115

装丁・本文デザイン＝さおとめの事務所

第１章

人為ミスはなぜ発生するか

第１章では「人為ミスはなぜ発生するか」について解説します。

人は誰でも人為ミスを起こします。なぜか。仕事のやり方が明確に決められていないからです。考え方の違う人間があいまいなやり方で同じ仕事をすると、結果は少しずつ異なってきます。これが人為ミスの最も大きな原因です。さらに、人は生来４つの弱点を持っています。「事実を間違って認識しやすい」「意図とは異なった行動をとりやすい」「判断間違いを犯しやすい」「精神的・身体的限界がある」の４つです。

最初の「仕事をやる前提条件のあいまいさ」問題を管理の問題と分類します。これは直接原因と呼び、具体的には３つに細分します。後の「人の心理」の問題を間接原因と呼び、13に細分します。実際は人為ミスはこの管理の問題と人の心理の問題が複雑に絡み合いながら発生します。これらを鳥瞰的に解説していきます。

1.1　人為ミスは誰でも起こす

白紙に直径10センチの真円をはみ出さないように重ねて10回描いてみなさい、と言われてやってみると、ぴったりと重ねては描けません。何カ所かはみ出すので回を重ねるごとに描かれた円軌道は太くなってしまいます。機械のように同じ動作を正確に何回も繰り返すことは人には難しいのです。

また、忘れっぽいのも人の特徴です。工場では不良を出さないために作業手順書などをつくって徹底的に訓練しますが、なかなか不良ゼロにはなりません。ぼんやりしたり、うっかりしたりして、ときどきやるべきことを忘れてしまうからです。

無心でやれば良い作業ができても、プレッシャーを与えられると動作が狂ってしまうこともあります。練習ではいくらでもうまくいくのに、いざオリンピック本番になると思わぬミスに泣かされて結果の出せないアスリートたちのケースです。

同じようなことでも、状況が変われば、緊張感が生まれるのです。例えば、床の上に、30センチの間隔で20メートルの平行な線を引いて、「線の間を歩いてください」と言われたとします。普通に歩けない人はほとんどいないでしょう。しかし、これが、10メートルの高さにある30センチの幅の橋だったらどうでしょう。落ちたら大けがをする高さです。恐怖心が生まれ、大抵の人は平常心では歩けないのではないでしょうか。

さらに、人には知恵があるので、いくらトリプル検査をやってみても不良が減りません。最初に検査する人は集中してやりますが、２番目の人のところには最初の検査に漏れたものしか流れてこないので集中力は相当減退してしまうわけです。３番目の人のところには不良品はほとんど流れてきません。すると、「先に２人も検査しているから自分のところまで流れてくるはずがない」と自分自身に言い聞かせてしまいます。

このように人間は、正確な動作を何回も繰り返すことが苦手です。飽きたり、不安やプレッシャーがあると動作が影響を受けたり、知恵が働いて手抜きをしたりします。つまり、ねらった動作がいつも正確に行われるとは限らないのです。

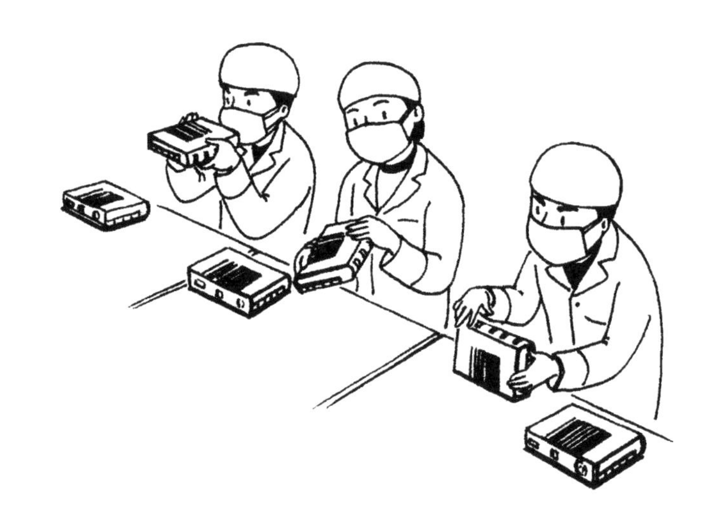

人間は本質的に不確かなものを持っていて、何かの原因で意図とは違った行動や判断を引き起こすことがあるのです。これを一般に人為ミスと呼びます。

原因系は人の心理作用であったり、作業のやらせ方が人の能力にマッチしていなかったり、知恵の働き方などが複雑に絡み合って出現するので、問題を解決しようと考えれば、原因系の整理が必要になります。

よく発生する「数字の見間違い」という人為ミスを例にとって、発生原因を探っていきたいと思います。

1.2 「数字の見間違い」から考えてみる

1.2.1 層別しないと原因は見えてこない

「数字の見間違い」は頻繁に起こりやすい人為ミスです。この数字の見間違いというミス現象は分類でいうと大分類に入ります。これだけでは原因究明ができないので、現場に行って、現物を見て、現実にやっていることを聞いて、人の動作の間違いがわかるレベルまで詳細な現象の違いをつかむことが重要なポイントとなります。人の顔で例えると「数字の見間違い」という表現は顔の形のレベルです。それではだめで、「顔の表情」のレベルまで詳細につかんでいく必要があります。「数字の見間違い」を人の顔の形と考え、それを「顔の表情」までブレイクダウンすると表1.1の

表 1.1　数字の見間違いの詳細現象

1	ちょうど図面の折り目に入ってしまい3と8を見間違えた
2	図面が汚れていたため、5と6を見間違えた
3	手書きの数字の1と7を見間違えた
4	視力が弱かったので、アナログノギスの目盛りを読み間違えた
5	198.6という数字を見たはずなのに、189.6と入力してしまっていた
6	社内ルールがなく、QとOと0の判断を間違えた
7	数字が小さく、また照明が暗かったので0の桁を間違えた
8	チラッと見ただけで、いつもと同じ12個と判断したが、実際は112個だった

ようになります。できるだけ詳細につかまないと、次の原因分析がまったく違った方向に行きかねないからです。

この８つの詳細現象は実際に起きた事例です。人為ミスの現象把握を雑に行うと真の原因究明ができにくいことを理解されたと思います。数字の見間違いという人為ミスは、この事例のようにたくさんの詳細現象に層別されるということです。人為ミスはできるだけ細かな現象まで層別していけ、ということです。層別していくほど原因がハッキリと見えてきます。

1.2.2 「管理」と「人の心理」の問題の絡み合い

この８つの詳細現象を、「管理の問題か、人の心理の問題か」でさらに層別したものが表1.2になります。

層別のやり方は、この詳細現象が作業手順書の不備、教育訓練の不足、決めごとの守らせ方の不備など管理面に問題があるのか、見間違えたり、残像記憶が邪魔したり、気の弛みだったりした作業者自身の心理面に問題があるのかという層別を行うことによって、より原因が明確になってきます。

管理面の原因を「直接原因」、作業者の心理面の原因を「間接原因」と名づけます。

直接原因は仕事のやらせ方の問題ですから対策が打ちやすいですが、間接原因は原因究明の段階から難しく複雑です。

人為ミスは管理面の問題と人の心理面の問題とが絡み合って発生してくるので、層別によって原因究明をやりやすくする必要があるのです。

この事例では、管理面では図面管理の仕組みに抜けがある、高齢作業者の視力検査の仕組みができていない、間違いやすい記号・数字の使用ルールが決められていないなどと管理の欠陥が指摘されることになります。

一方、人の心理面には、以下のようなウイークポイントがあります。

★ 「人は自分の見たいように見、聞きたいように聞く」特性があって、手書きの１と７の判別がしにくくなると最後は自分勝手に読んでしまう

★ １つの数字を記憶し過ぎると異なる数字を見ても記憶し過ぎた数字で行動してしまう

表 1.2 管理面と心理面の層別表

数字の見間違い(現象)	管理面の問題	心理面の問題
① ちょうど図面の折り目に入ってしまい、3と8を見間違えた	図面管理の仕組みに抜けがある	
② 図面が汚れていたため、5と6を見間違えた	図面管理の仕組みに抜けがある	
③ 手書きの数字の、1と7を見間違えた		一瞬迷ったが、たぶん1だろうと決めつけてしまった(見間違い)
④ 視力が弱いため、アナログノギスの目盛りを読み間違えた	高齢作業者の視力検査の仕組みがない	
⑤ 198.6という数字を見たのに、189.6と入力してしまった		直前にやっていた189.6の加工に苦労したので、189.6が印象に強く残ってしまった(残像記憶)
⑥ 社内ルールがなく、QとOと0の判断を間違えた	間違いやすい記号と数字の使用ルールが決まっていない	
⑦ 数字が小さく、また照明が暗かったので0の桁を見間違えた	数字の大きさ(ポイント)に関して社内ルールが決まっていない	
⑧ チラッと見ただけで、いつもの12個と判断したが、実際は112個だった		作業に慣れ、気の弛みがあった(気の弛み)

★ 作業に慣れや気の弛みが出てチラミス(チラッと見て判断してしまう)を誘いやすい

ミス現象はできるだけ詳細に現状分析し、それが管理面に関するものか、それとも心理面に関するものかに層別すると、原因究明がやりやすくなります。

1.3　直接原因と間接原因

1.3.1　直接原因は管理の問題

「あらゆる作業に、製造条件の基準値や作業手順書を設定して、そのとおりに作業をやれば人為ミスは発生しない」という考え方が人為ミスを発生させないための原理原則ですが、なかなか現実の場ではそのようにはいきません。ロボットや機械には必要十分な基準・データ・作業手順を設定しますが、人間に対しては「うまくやってくれるだろう」という甘えがあって、基準や作業手順が不十分な段階で作業の指示を出してしまいます。それが小回りの利く利点という見方もありますが、作業者にとっては指示があいまいで自己判断を迫られるわけですから、人為ミスの発生はある程度覚悟しなければなりません。

条件を決めて、その条件を設定する作業手順を決めて、それを作業者に教えて訓練して、人為ミスを防いでもらう、ということが管理の役割です。人為ミスはまず管理で防がなければならないのに、管理の網が粗過ぎるのです。管理の網が粗いとなぜ人為ミスが発生するのか、について「管理の3要素」から説明していきます。管理の3要素とは、

★　作業の標準化

★　指導訓練

★　標準の遵守活動

の3つを言います。以下、1つずつ解説します。

(1)　作業の標準化

作業手順、作業条件、作業のやり方がしっかり決まらないまま作業をやらせると、個人判断やカン・コツ・ケイケンが要求されます。特に、作業条件は経験則から設定されていることが多く、それが最適条件値かどうか疑わしいものが多いのです。これらが「あいまい」にされていると、作業者は個人有の知識・直観などを頼りに作業を進めざるを得ないので、ここに「思い込み」も入りやすくなります。やりにくさ、複雑さ、乱雑さ、などは作業にバラツキを発生させます。やり方があいまいなまま行う作業は、

作業者にとって人為ミスを誘い込む危険因子を多く抱えていることになるので人為ミスの巣と言ってよいでしょう。

どんな作業者にもミスを起こさないように作業をやってもらうためには、管理の網の目を細かくすることが必要です。例えば組立作業だったら、部品の数や種類、部品を取り付ける角度や位置、ネジは締め付けトルクに加え、手先の細かな動かし方から急所、部品や工具の配置の詳細レイアウト、などすべて作業者が迷わないように決めておく必要があります。

ロボットを動かすときのティーチングでは、かなり細かく動作の定義をしています。ところが人に作業をやってもらう場合は、大分手抜かれてしまうわけです。この違いが問題なのです。

(2) 指導訓練

作業手順書は、そのとおり作業がやれるようになるまで、作業の目的を教え、作業要領を訓練する、ことによって決めた内容が100%再現できるわけです。

教える人によって教え方が違わないか、作業の急所は明確になっているか、一人前として任せられる評価基準があるか、訓練される人の個人差にどのように対応するのか、ベテランの暗黙知を形式知化できているのか、など教育訓練不足が原因の人為ミスが入り込む余地はたくさんあります。

あるメッキ工場でのできごとです。特殊メッキの手動ラインで熟練作業者が交通事故にあって長期に休んでしまいました。急遽かわりの作業者にやってもらったのですが、いつまでたっても不良が減りません。問題の工程は「揺動作業」にありました。かごに入れた製品をメッキ槽の中で軽く揺するのですが、どうしてもコツがつかめないのです。作業手順書には「軽く揺する」としか記述されていません。結局さまざまなやり方を試行錯誤して2週間ほどのちに不良の出ない「揺らし方」がわかってA4判・1枚のワンポイントとして結実しました。たかが、揺らし方だけで不良になってしまうのです。

熟練者は長年の試行錯誤を積み重ねて、そうとう細かなノウハウを蓄えています。そのノウハウがどこまで作業手順書に反映されて訓練されているのでしょうか。

(3) 標準の遵守活動

ある化学工場にいったときのことです。2階への階段を登っていると、ブザーが鳴りはじめました。驚いて案内役に目をやると、階段の手すりをしっかり握りながら登っているのです。説明だと、階段の上り下りで良く事故が起きるそうです。階段を上り下りするときは必ず手すりをにぎること、というルールを作っても誰も守ってくれないので、最近、握らないとブザーが鳴るようにしたのだ、と説明してくれました。階段には「手すりを握って上り下りすること」と大きく書いてあったのですが、筆者が握らなかったから鳴ったわけです。

この化学工場は、どうすれば標準を守ってもらえるかと取り組んでいたのです。このように、しっかりと作業手順書をつくり、十分な訓練をしても、所詮は人間のやることです。作業者によって、また同じ作業者であっても、その日そのときの状態によって作業方法がバラツキ、手順どおりの作業ができないことがあります。さらに、手抜きも発生します。しかも、人間には「決めごとを守らない」というやっかいな本性があり、標準類やルールを守りたがらないものです。

守ってもらうこと・守らせることがいかに難しいのか考える材料だと思います。

経験値では、手順書やマニュアルを守らないことにより発生した人為ミスが最も多いのです。表1.3はとても人為ミスの少ないある優秀な会社の、その中でも問題の多い職場で1週間かけて標準類の遵守状況を調査した事例です。

表1.3　QC工程表指示事項の遵守状況表(A社)

段取り時のチェック	24%(15／63)
始業時のチェック	44%(29／66)
ポカヨケのチェック	44%(29／66)
合計	37%(73／195)

195 回調査したところ 73 回しか標準類を守っていなかったことがわかります。職場のルールが 37%しか守られていなかった。これが実態なのです。守ってもらう・守らせることがいかに難しいのか考える材料だと思います。

ここで述べた管理の 3 要素の網を職場に張り巡らせることは、人為ミスを発生させないための最低条件です。監督者は日常維持管理としてこの役割を果たすために任命されているので、この種の問題が見つかったら最優先で改善しなければなりません。

1.3.2 間接原因は人の心理の問題

人間には 1 つのことに集中し過ぎると他は視界に入っていても見えないことがあります。

実験で、オール強化ガラスの部屋を造ります。床から 30 センチくらいの高さに敷居をセットし、長く垂れ下がった鴨居をつくり、部屋の入り口にドアを、真ん中ぐらいの位置に机を置きます。これらはすべて透明の強化ガラス製です。一番奥に床の間をつくって、この真ん中に超高級腕時計を置きます。この腕時計だけは本物です。自由に選んだ 10 人の学生に「一番速いタイムで無事に腕時計を取ってきた人にこれをあげる」というゲームをはじめます。

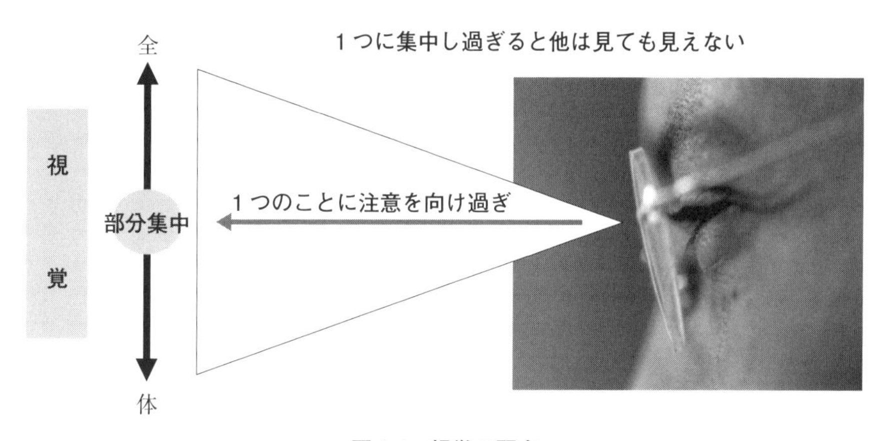

図 1.1 視覚の弱点

結果は速いタイムを出そうとする人ほど、床の段差につまずいたり、ドアに身体をぶつけたり、机に足をとられたり、鴨居に頭をぶつけたりして、無事に速いタイムで腕時計を取ってくる人はまずいません。つまり腕時計がほしいという欲が強い人ほど急激に視野が狭まって、床の間の腕時計しか見えなくなり、瞬間に透明な障害物の存在を忘れてしまうわけです。図1.1は人間の視覚の弱点をモデル化したものです。

このように人間には生まれながらに人為ミスを誘い込みやすい「弱点」が存在します。見ても見えない、うっかり忘れる、集中力が途切れる、先走る、思い込む、飽きる……、などです。作業中、瞬間的に何らかの異常な状況が発生して、人間が本来持っている弱点のどれかにスイッチが入ることによって人為ミスを発生させるのだと考えられます。人間特有の心理面の弱点は大きく分類すると４つあると考えています。以下、４つの弱点について１つずつ解説します。

(1)　事実を間違って認識しやすい

図1.2は、同じ長さの直線を平行に描いたものが、矢印を付け加えるだけで長さが違って見えるようになることを示した事例です。

人はものを認識するとき、周囲の情報も加味しながら認識します。だから周囲の情報が違えば違って見えてしまうのです。これを錯覚と言います。

人間の情報処理装置は、事実を間違って認識する場合がときどきあるのです。

数字の１と、英字のI，Ｌの小文字lなどは急いでいると間違って認識しやすいものの代表例です。このように人は、見間違ったり、聞き違ったり、錯覚により勘違いすることがあります。これが人為ミスの原因になる

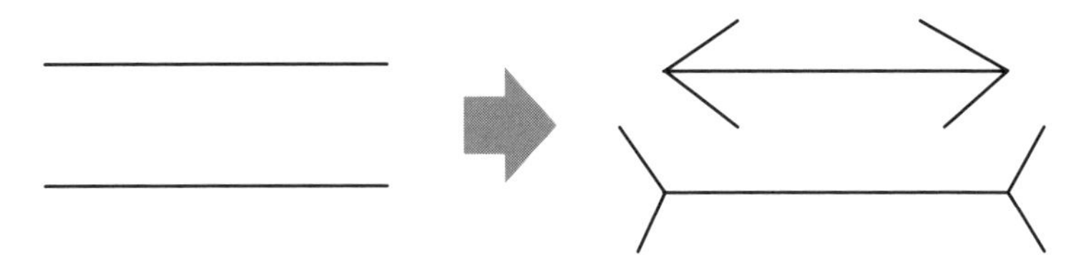

図1.2　矢印の錯覚

のです。

(2) 意図とは違う行動を取りやすい

図1.3はミスの量と慣れとの関連を表した有名な図です。1つの作業を長くやると仮定した場合、新人は初めてですから単純ミスが多く発生します。

しかし何回も繰り返しているうちに慣れてきてミスがほとんど発生しなくなります。ところがミスの発生がない状況が続くと「今まで大丈夫だったから、今回も大丈夫だろう」と、徐々に緊張が薄れ確認を手抜くようになります。これをマンネリと言います。このマンネリ状況が続くと、ミスが急増してきます。

特にベテランになると、良い仕事をやろうという気持ちは強いのですが、逆に油断ミスが増えやすいのです。人為ミスのデータを年齢別に層別分析をしてみるとこのことがわかります。

これを気の弛みとも言います。さらに、早合点、早とちり、先走りなどもねらいとは違う行動を取らせてしまう原因になりやすいものです。

もう1つ、人は周囲に何か気になることがあると、今やっている作業から意識が飛んで、思いもよらない行動をしてしまうこともよくあります。

人はときどき、意図とは違う行動をとりやすくなるのです。

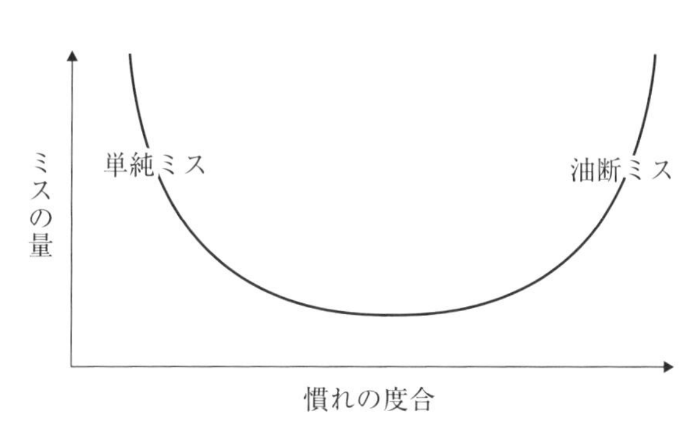

図1.3　慣れの曲線

(3)　判断間違いしやすい

踏切事故で考えてみましょう。

列車が頻繁に通っているところでは年に数件は踏切事故が発生しますが、その当事者はほぼ例外なしに、その踏切のことを熟知している近所の人です。

踏切では、警報音が鳴り出し、遮断機が下りてから、ある程度の時間を経て列車が入ってくるのが一般的です。その時間を近所の人は30秒くらいとか40秒くらいとか大まかに知っているものです。

しかし、急いでいるときや夢中で考えことをしているときは、自分が気づいたときが鳴りはじめだと勘違いして踏切を強引に通過しようとして、事故に遭うわけです。このように、中途半端な経験のもとに、自分に都合のいい判断をして、ミスを招くことがあります。

情報量が多過ぎると、目的の情報を見つけにくくなり、間違った情報を選んでしまいます。また、同じ動作を繰り返しているうちに、その記憶が刷り込まれて、やっていないものまで、やったと判断してしまうなど、判断間違いはときどき起こります。

高速道路で速度規制を厳密に守っている人はほとんどいません。危ないとは思っても、スピード感覚が勝ってしまうわけでしょう。特に、ここはいくらスピードを出しても大丈夫だと判断すれば誰でもスピードの快感に

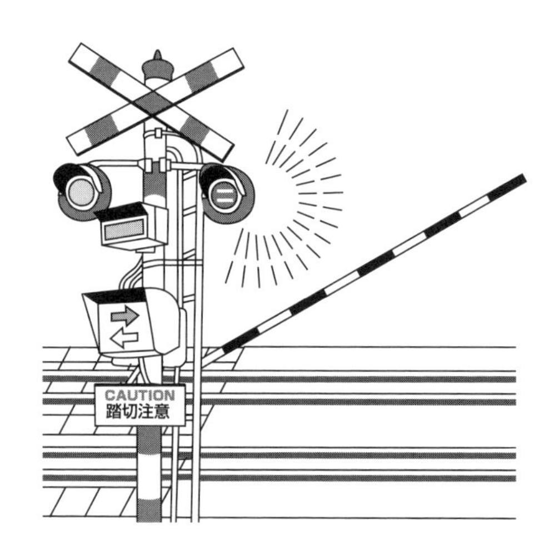

は勝てないでしょう。その結果、事故を起こしたり、覆面パトカーに捕まったりして反省するわけです。

つまり、人には判断間違いを引き起こしやすい危うさがあるのです。

(4)　精神的・身体的な限界がある

高齢者がブレーキとアクセルを踏み間違えて、急発進や急加速して店舗などに飛び込んだり、屋上の駐車場から転落したりする事故が、年間6000件ほどあるそうです。平常の運転時には何でもないことが、突発的なパニック状態が起きると正しい対応ができなくなり、操作を間違ってしまうそうです。

これは、各自が持っている精神的な限界線を越えるようなプレッシャーを与えられると、人は考えられないようなミス行動を取りやすいことを表しています。

疲労は人間の五感というアンテナの感度を鈍くさせ、異常情報を脳に伝えにくくしてしまいます。また、能力を超えた負荷がかかると、失敗ストレスが次第に強くなり、そのうちに失敗を呼び込んでしまいます。個人差はあるものの人間は精神的プレッシャーに弱く、また、身体的な負荷に耐えられないという弱点があるのです。人為ミスはここに入り込んでくるのです。

このような人間特有の心理作用の悪戯を間接原因と定義して、直接原因とは分けて考えることにします。

人為ミスはこれらの直接原因と間接原因とが絡まりあって発生するので、詳細現象を層別して分析する必要があるわけです。

1.4　人為ミスはなぜ起きるか

1.4.1　概念図で見る人為ミス

平常心でリズミカルに作業できる条件が100%揃っていれば人為ミスはほとんど発生しません。しかし、現実にはそのようにはいきません。管理の網が粗過ぎて、仕事の準備や、やり方が詰め切れていないのに、見切り発車で仕事をやらされる、納期が短く指導訓練が不十分、という状況はめずらしくありません。しかも、多くの場合、作業者には「ミスをするな」「正確にやれ」、など強いプレッシャーがかかります。

しかたがないので作業者は記憶を呼び覚ましたり、ぎりぎりの判断を迫られたりしてミスを起こさないように緊張の糸を張り詰めて作業するしかないのです。

図1.4は人為ミス発生時の人の脳の構造をモデル化したものです。脳の中で記憶をつかさどる分野、判断をつかさどる分野など、各機能のバランスがほどよく保たれている場合、ほとんど人為ミスは発生しません。

しかし「急がなければ」「失敗してはいけない」など、心理的なプレッシャーを強く感じると、感情脳に負荷が集中して、逆に判断脳が機能低下するので、判断間違いを引き起こしてしまうのです。その結果、何らかの判断間違いという人為ミスを発生する確率が急増していきます。

ほかにも、標準類に必要な情報が欠けていれば、過去の記憶を呼び覚まそうとし、これまでの経験や直感から判断しようとするので、記憶脳や判断脳が肥大化して、逆に運動脳が機能低下し、脳が機能バランスを崩すので記憶間違いや動作ミスなどの人為ミスが発生しやすくなります。

また、「今、自分はこのような作業をやっているんだ」と行動と意識がつながっていれば人為ミスは発生しません。ところが作業の途中で、「ト

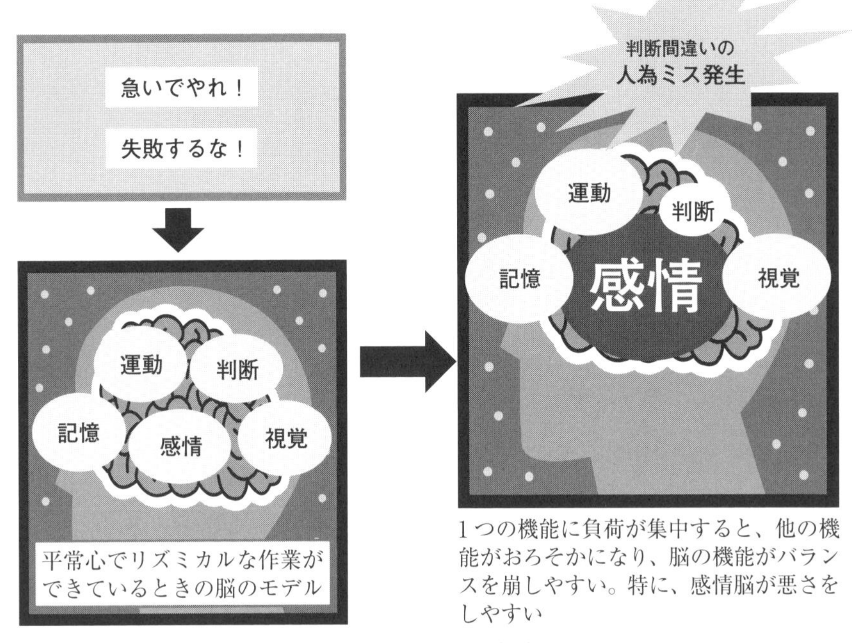

図 1.4　人為ミスの概念図

ラブル発生で、作業を中断する」「記憶を呼び起こす」「新しい判断を迫られる」など、作業を中断して意識を別の回路に切り替えざるを得ない状況が発生すると、その瞬間、作業と意識のつながりが遮断され、特定の脳機能が情報を処理するために肥大化して、脳のバランスが崩れやすくなるので人為ミスが発生します。

この意識の飛びがさらに処理すべき情報を肥大化させるので危険です。

この事例を図 1.5 に示します。図 1.5 は組立作業の中に、いかに“意識の飛び”を誘発し、人為ミスを発生させやすい危険因子が潜在するかを示した単純モデルです。

★　必要のないネジＢが一緒に置かれている

★　見学人が近くまで来た

★　ロックタイトの基準量があいまい

★　ドライバーの調子が悪いことに気づいた

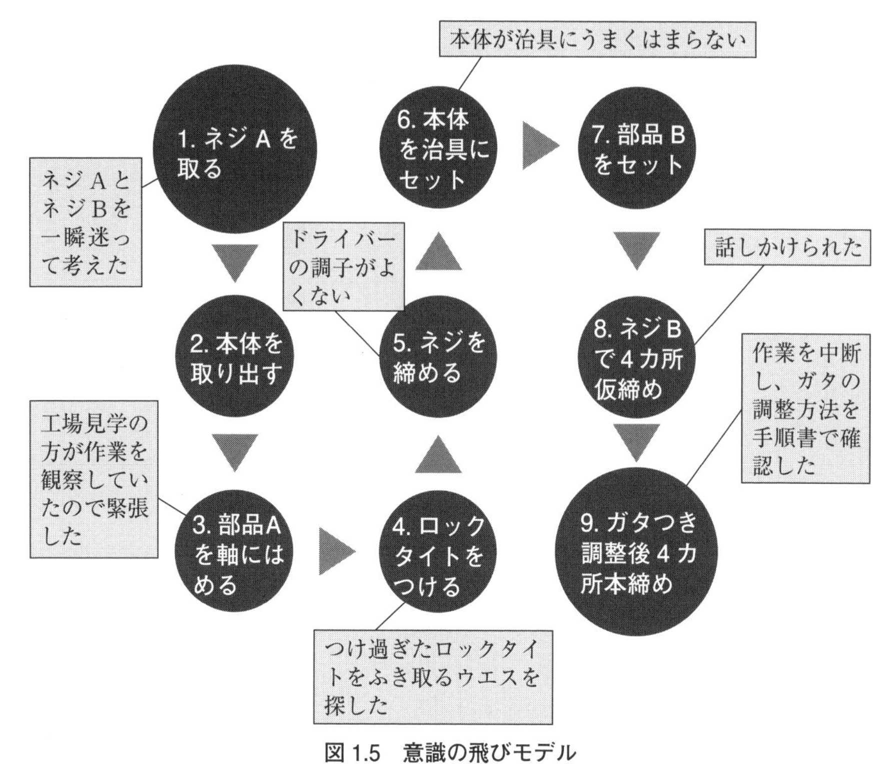

図 1.5　意識の飛びモデル

★　治具の具合が悪い

★　作業中に話しかけられた

★　製品のたわみで作業リズムが崩れた

9ステップの手順中7回も意識の飛びを発生させています。この度に作業と意識の回路が途切れ、何らかの対処法を考えるため、必要な脳機能を肥大化させてしまい、今やっている作業が意識の外になりやすいのでミスを呼び込みやすくなっている危険な状態です。実際に、このラインでは人為ミスが多く発生しています。

一般に、組立ラインで考えると、作業者が頭で考えてから身体に反応させるやり方では必ず人為ミスが発生します。頭で考えてから動作に移るまでに時間差が発生するのでミスを引き込みやすいのです。理想的な組立ラインは反射神経で動作できるようになっていないと、ミスを押さえ込むことができないのです。

“平常心でリズミカルに、100%見える化を”が、ミスが絶対発生しない理想の姿なのです。この考え方は他の仕事にも応用できます。

1.4.2　管理の3つの欠陥

人為ミスの直接原因になりやすいものとして以下の3つが考えられます。

1つ目は、作業手順書などの内容に問題があるケースです。そもそも標準などの決めごとがない。標準類は一応あるが、肝心なところやポイントとなるところが抜けている。その標準類では実際に作業ができない、などが発生原因になりやすいのです。

2つ目は、作業手順書などの指導訓練に問題あるケースです。

3つ目は、標準類の遵守や遵守チェックに問題のあるケースです。人為ミスが発生した際に作業者は「守ったつもりでいました」とか「あることを忘れていました」などの言葉をミスの原因だと捉えがちですが、対策を打つためには、さらに原因追及しなければならない項目です。そもそも、いつも守っていないケースもあります。

これら、3つの直接原因をまとめたのが表1.4です。表1.4は人為ミスが発生した場合の、原因のありかを探るためのチェックリストでもあります。以下、この表について解説します。

(1)　標準に問題あり

表1.4の「標準に問題あり」のケースでは、作業に必要な製造基準や作業標準書の内容を調べます。「決めごとがない」とは、その作業の標準類が何もなく、作業者任せになっている状態を言います。決めごとに抜けがあるとは、作業のやり方に「あいまい」な部分がたくさんある、技術的に詰め切れていないのに製造に渡された、などの状態です。

これではどうとでも判断でき個人差を生みやすいばかりでなく、重要なポイントでは先輩や上司などに確認しないと作業を進められないので、離席することも多くなり、自ら人為ミスを引き込んでいるようなものです。

表 1.4　３つの直接原因

1	標準に問題あり	決めごとがない
2		決めごとに抜けがある
3		その決めごとでは守れない
4	指導訓練に問題あり	教えてもらっていない
5	標準遵守に問題あり	守ったつもりなのに守られていない
6		決めごとを忘れた
7		いつも守らない(我流)

その決めごとでは守れないとは、その標準類は現場の作業を知らない技術スタッフがつくったもので、現実にはそのとおりやれない、などの問題があります。

さらに、作業が複雑で間違いやすい、やりにくい作業だ、イライラする作業環境だ、設備のチョコ停が多い、治具が壊れている、など作業そのものに改善を要する欠陥が多くて守れない、などがあります。

(2)　指導訓練に問題あり

表 1.4 の「指導訓練に問題あり」のケースでは、立派な標準類はあるのですが、ポンと渡されて、「それを読んでやってくれ」で済まされるケースが多いということです。

たくさんの現場で体験してきた部下指導の問題点をあげてみたいと思います。

★　自分が育てられたように育てようという傾向が強い

★　苦労して身に着けてきた技能を、本音では教えたがらない

★　教える人によって教え方がバラバラ
(部下指導の訓練を受けない管理監督者ばかり)

★　終身雇用の前提で育成が行われている
(早期育成という考え方が薄い)

★　非正規社員に対しては簡単な口頭指導で済まされてしまう

★　熟練者の暗黙知を形式知化する手法が確立していない

（初心者に短期間で暗黙知を訓練できない）

★「忙しい、忙しい」と、部下指導が省略されやすい

指導訓練のポイントとして、作業には必ず急所があります。それを作業要領（成否、安全、やりやすく）として明確化して訓練しないと、作業者にはいつまでも失敗ストレスがつきまとうものです。ところが、現場指導で「この作業の急所は何ですか」という質問に、明確に答えられる管理監督者はほとんどいません。特に、現場に非正規社員の比率が増えてきている現在、訓練不足による人為ミスの発生が増加傾向にあります。

(3)　標準遵守に問題あり

表1.4の「標準遵守に問題あり」のケースは、「本人は守ったつもりなのに実際は守られていなかった」「作業手順書の内容を忘れた」「いつも手順書どおりに作業はやっていない」などです。

筆者が200社ほどの指導事例を分析した結果、人為ミス対策で打った手は「標準遵守40％」「標準化30％」「自己管理30％」と、標準遵守に関するものが最も多いことがわかっています。これくらい標準遵守は難しいわけです。

QCは決めたことを守る、ところから構築されているので、標準遵守に問題があれば品質など保証できないし、人為ミスもいくらでも発生してしまいます。

本人は守ったつもりなのに実際には手順書から外れたやり方をしていて、人為ミスが発生したという事例の原因は、訓練不足の可能性がありますし、1.4.3項で述べる間接原因の「心離れ」や「気の弛み」とも関連してきます。

決めごとを忘れたというのも、職場の緊張感のなさ、QC教育がなされていないことに起因する意識の低さ、間接原因の「心離れ」「気の弛み」などに関連するはずです。

いつも守らないとは、作業者が図面などの基本的なスペックは見ているが、ほとんどの作業を我流でやっているということです。多品種少量生産の現場にはよくあるケースです。過去に人為ミスの発生が年間1万件近く

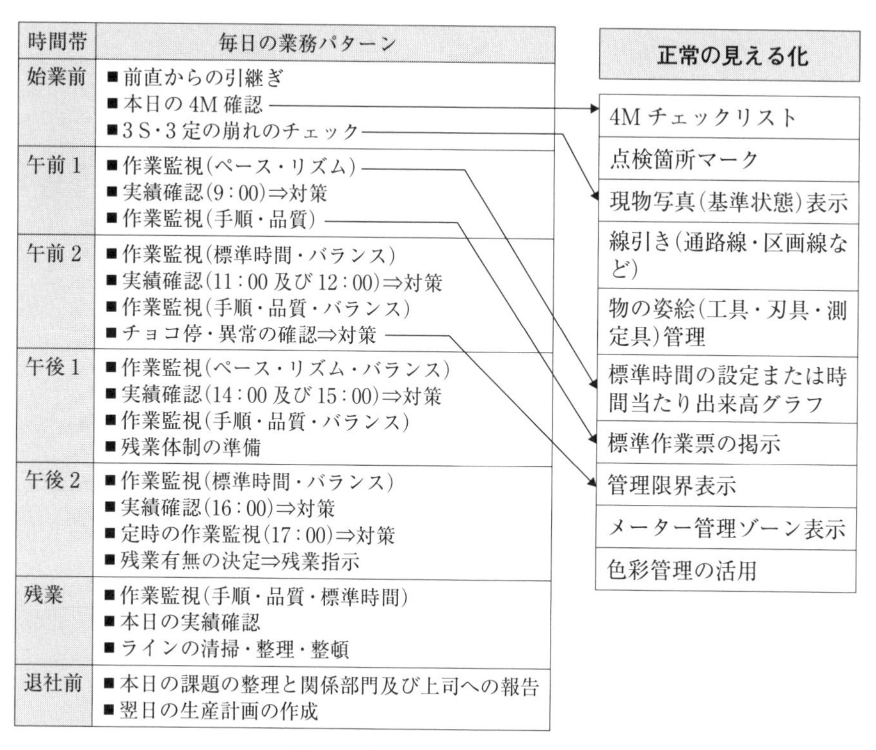

図1.6　標準遵守チェック活動

あったケースがありましたが、これに近いモノづくりをしているはずです。

図1.6は現場リーダーが行う標準遵守チェック活動の一例です。

これは、作業者が標準などを守って作業をしているかどうかを定期的に職場巡回してチェック・指導する仕組みです。この図は自動車関連メーカーの事例ですが、スケジュールからチェック項目、そしてチェックする部分の見える化まで細かくシステム化されております。このくらい精密な管理の網を張り巡らせないと「守らない」という問題が発生してしまいます。

人為ミスの直接原因の中で最も対策が難しいものが、標準を遵守させることです。

M自動車などは何回も何回も不正行為を行って、その都度さまざまな規定やルールを作って再発防止に努めてきましたが、未だに法令遵守体質が根付いたという話は聞かれません。

このくらい標準を遵守させることは難しいのです。

1.4.3　人の13の心理的な弱点

人間は生まれながらに13の心理的な弱点を持っています。作業をやっているときに「何らかの状況」が生じると、本来持っている心理的な弱点の1つにスイッチが入って、人為ミスを引き起こすのではないかと考えられます。表1.5は、心理的な弱点を13の心理メカニズムとしてキーワード化しまとめたものです。13の心理メカニズムは、人間の本性そのもので、なくすことはできませんが防ぐことはできます。

他人よりも速く、できるだけ失敗が少なく、しかも効率的にと考える人間の知恵の働きに関係しているものもあります。だから優秀な人ほど人為ミスを起こしやすいのです。

表1.5　13の心理メカニズム

	心理的な弱点	キーワード
1	見間違うことがある	見間違い
2	聞き違うことがある	聞き違い
3	思い込みがある	勘違い
4	つい先走りすることがある	気を利かせ過ぎ
5	頭と身体が別行動をとることがある	心離れ
6	無意識に手足だけ動かしているときがある	気の弛み
7	自分に都合の良い判断をすることがある	目学(めがく)
8	材料が多過ぎてとっさに迷うことがある	知り過ぎ
9	記憶間違いがある	残像記憶
10	つい楽な方に流されることがある	ずるさ
11	気が散って集中できないことがある	イライラ
12	注意散漫なことがある	疲労
13	パニックに陥ることがある	緊張

また脳の情報処理機能のエラーで起こり、人間であれば誰しも避けられない心理メカニズムもあります。

さらに体力や性格、その日の心身の調子などにより影響を受けやすい心理メカニズムもあります。これらは個人差の大きいのが特徴です。

13の心理メカニズムについて、1.3.2項で触れた4つの分類(事実誤認、意図とは違う行動、判断間違い、身体的・精神的限界)に従って、具体的な事例で解説していきます。なお、13の心理メカニズムは、2.4.5項の「間接原因の特定と対策の立案」、3.4節の「リスクマップ分析」、さらに、4.4.1項(2)「作業に内在する危険因子対策」などで活用します。

(1)　事実を間違って認識しやすい

①　見間違い

アナログ式の測定器は計測値を読むとき目盛りの読み違いが発生しやすい欠点があります。特に、照明の暗い職場で高齢者が精密測定する場合はデジタル式に変えたほうが無難です。

シリンダーで製品を押さえて、接触ピンに端子が触れてランプが点灯する導通検査で、検査作業者の位置がズレると、LEDランプの明かりが反射して、ランプ点灯と判断され、不良品が良品と判断されてしまった事例がありました。

図面と部品一覧表とを照合して、セット台車に準備し、加工作業者に渡す作業で、部品一覧表の見間違いが頻繁に起きる事例もありました。1(いち)とI(アイ)とl(小文字のエル)やO(オー)と0(ゼロ)とQ(キュー)など数字や記号は間違いやすいものです。

制御盤のヒーター端子をH2－H1－H4－H3－H5の順番で交換しなければならないところを、H1－H2－H4－H3－H5の順番と見間違えて交換して、装置を焼いてしまった事例などは、メンテナンス作業ではよく起こる見間違いの人為ミスです。

②　聞き違い

人が犯す人為ミスの中で「聞き間違い」は相当多いのではないでしょう

か。電話で相手の名前を聞き間違えた、列車の車内放送で駅名を聞き間違えた、などは誰でも経験があると思います。羽賀(はが)さんを「ハダさんから電話です」と伝えた、などのミスはよくある事例です。どうも日本語には間違いやすい文字がたくさんあるので、伝えるときに十分注意する必要があります。ちょっと考えただけでも「安全と完全」「傾向と抵抗」「3～4人と参与人」……いくらでも出てきます。

医療現場でもこの種の人為ミスが多いのです。例えば、A医師が○○○薬を10ミリグラム注射してほしいと思ってB医師に「○○○を10ミリ投与してください」と口頭で指示したところ、「○○○薬を10ミリリットル患者に投与した」ので、患者の様態が急変した、というものです。特に、専門家は言葉を省略したり、丸めて言ったりするので、受け手は聞き間違いを起こしやすい傾向があります。

図1.7は、ある社長さんが日頃から部下に言っている言葉です。

言葉というものはとても伝えるのが難しくて、本人が伝えようとして話してもその3割くらいしか伝わらないものだ、そうです。

話の内容は30%くらいしか相手に伝わらない

1. 頭の中の伝えたい内容を口に出して言葉で表現できるのは、せいぜい70%
2. 相手の話している言葉を一生懸命に聴いても、聴けるのはせいぜい70%
3. お互いの理解やベースとなる言葉の持つイメージが、両者の立場や所属している環境により異なり、両者で一致できる部分は、ぜいぜい70%(例えば、“5S”のイメージも十人十色)

正味伝わる割合　$0.7 \times 0.7 \times 0.7 = 0.343$

図1.7　3割の原則

③　勘違い

人間はすべての場面で正確な情報をもとに行動できるわけではありません。咄嗟に行動しなければならない場合には、限られた情報をもとに、これまでの経験知を総動員して、最後は勘で行動するしかないのです。しかし勘というものは万能ではないので欠陥もあります。これが勘違いの人為ミスです。中途採用で経験豊富なベテランなどは新しい職場で何から何までも聞いて確かめることはプライドが許さないので、不明な点があっても自己判断で行動してしまいます。特に緊急時はこの傾向が強く出ます。この新しい職場の標準と自己判断とのギャップが勘違いの人為ミスになりやすいのです。

また、同じような作業を繰り返しやっていると、「いつもこうだから、今回もこうだろう」と確認を欠いてしまうことがあります。ベテランほど自信があるので思い込みも強くなってしまう傾向にあるようです。チラッと見ただけで112個発注したが、実際は12個だった。自分が押そうと思ったのと違うキーボードを押してしまった、自分がかけようと思った電話番号と違う番号にかけてしまったということは多くの人が経験していると思います。

少し古い話になりますが2000年1月31日に起きた日航機ニアミス事故では、訓練生の管制官と教官役の管制官のダブルチェック体制を取っていましたが、わずか1分半の間に4度便名を間違えるというミスを犯しています。

★　午後3時54分25分　男性管制官　JAL907便(958便の間違い)
★　午後3時54分55秒　女性管制官　JAL957便(958便の間違い)
★　午後3時55分21秒　女性管制官　JAL908便(907便の間違い)
★　午後3時55分58秒　男性管制官　JAL908便(958便の間違い)

(2)　意図とは違う行動をとりやすい

①　気を利かせ過ぎ

人はできるだけ先を急いで楽をしたい、安心したい、という気持ちが強くて、やらなくてもよい作業まで手を出してしまったり、まとめてやると危ない作業までまとめてやりたがったりするものです。

よくある事例では、機械などが故障したとき、一度で済ませたいと考えて、必要以上の工具を持って現場に入り、修理が終わったとき、手元にある工具だけ持って帰ったところ、残された工具が稼働中の機械の中に落ちて壊してしまった。検査が終わるごとに検査伝票のデータ入力をやることになっているが、面倒くさいので、検査だけを一度にやってしまってから、まとめておいた検査伝票の入力をやったところ、製品とデータ入力と一致しないミスが発生した。

検品後、半券にハンコを押すことになっているが、後でまとめてハンコを押したほうが速くて能率が上がると思い、そうしたところ、ハンコのない半券を出荷してしまった。など自分では速くできて能率も上がると思ってやったことが、結果的に人為ミスを呼び込む原因をつくっているわけです。

多くの人がやっている、作業のワンステップが終了するたびに確認のチェックシートをつけるやり方にも問題があります。なぜなら、人は必ずまとめてやる傾向があるからです。この程度は間違いなくやれると判断すれば、その範囲では作業とチェックシート付けがまとめて行われてしまいます。その間に休憩や、打ち合わせが入れば作業と確認が分離してしまうので、チェックシートでは確認したことになっているが、作業はウッカリ忘れていた、などが起こりやすいわけです。

②　心離れ

「心離れ」とは、以下のようなものです。

★　半導体製造装置のメンテナンス作業で、普段はしっかり確認しているのに、そのときは急いでいて確認を忘れたため、AC200ボルトの回路にAC100ボルトの部品を取り付けてしまい、電源を入れたとたん装置を破損してしまった

★　製品置き場に置かれた製品のラベル貼り付け間違いに気づき、出荷停止のテープを貼ろうとしたところ、急な電話呼び出しでその場所を離れ、しばらくの間忘れていたがハッと思い出して再度確認に戻ったところ、すでにトラックで搬出されていた

★　急にある部品が必要になったので、電話で注文したところ相手先の終業時間を過ぎていた。急いでFAXで注文を出しておいて翌日電話で確認しようと思っていたところ忘れてしまった。なかなか部品が届

表 1.6　人為ミス防止の合言葉運動

ウ	裏表の間違いはないか
ス	ステッチは正確にかけてあるか
ミ	右左(みぎひだり)は対称か
ハ	針目は揃っているか
シ	指示内容に間違いはないか
ブ	部品に組み間違いはないか
イ	位置の間違いはないか
ネ	ネームのつけ忘れはないか

かないので電話確認したところ、注文できていなかった。おかしいと思ってFAXを調べたところ、通信エラーになっていた

また、高速なファスナーの製造ラインは製品の切り替えが多いのに反して、切り替え作業には危険が伴うので、常に安全を考えながら他の作業をやることになってしまいます。結果的に材料のセットミスや異品混入が減りません。心離れの起きやすい作業環境になっているからです。

ある高級婦人服の仕立て工場では、パート女性の心離れミスが“午後4時頃”になると増えはじめるので、表1.6のような合言葉を決めて確認行動をとっています。

校内放送で、“ウスミハシブイネ”と一人ひとりが気を引き締めるわけです。

組立工場で、「ハーフロックミス撲滅」という掲示をよく見かけます。サイクル作業の最終の手順にくるコネクターの結合がパチンとロックされないで次工程に流されることが多いからです。人は今やっている作業だけに集中できればミスは起きないのに、ときどき、今やっている作業よりも、先のことや他のことが気になって、手元がおろそかになることがあるのです。

③　気の弛み

作業に慣れてくると緊張感が薄れ、異常に対する感度も鈍ってきます。また熟練してくると自信も増してきます。

つまり身体が仕事を覚えてくるのです。これはとても望ましいことですが、ここに落し穴もあるのです。次のような現象が出てきやすくなります。

★　ある機械工場で、ドリル折れがしたような気がしたが、たぶん大丈夫だと思って確認せずにそのまま加工を続けた結果、大量の不良品をつくってしまった。

次は作業自体がいい加減になってきた3つの事例です。

★　スイッチ出力端子にダイオード端子をハンダ付けする作業で、いつものようにやっていたところ、ハンダが流れ出してユーザーで使用されるリード線の挿入口をふさぐ不良を多発させてしまった

★　日付印を変更するのを忘れて、前日の日付のまま出荷してしまった

★　時間があったのでクレーム文書提出前に文面を一字一句確認して客先に提出したところ、製品名、あて先、日付などの初歩的ミスがあったと苦情が寄せられた

業種業態を問わずこういった人為ミスは慣れからくるものですから、“職場の緊張感”が緩んできたのではないか、という反省が求められます。

(3)　判断間違いをしやすい

①　目学(めがく)

目学とは、非常に薄っぺらな、表面的な経験をもとに、自分に都合のいい判断をしてしまうことを言います。文字どおり、目で見た感覚を自分に都合の良い判断基準にすることで、筆者の創った言葉です。

2005年の話ですが、ある製菓メーカーで消費期限を1日過ぎた牛乳をシュークリーム原料に使うという事件が起こりました。もちろん社内基準違反ですが、ベテランのパート社員が、牛乳の色、におい、味などを吟味して、基準には違反しているが捨てるにはもったいないと判断して使ったそうです。この自己判断で許容範囲を拡げる行為を目学と言います。

似たような例は他にもあります。

★　自分がいつも担当しているお客様の金型なので細部は承知している。だから特別に図面確認などしないでも大丈夫だと、型を加工・仕上げして試し打ちしたところ、型が壊れてしまった。そこで改めて図

面を確認すると、ピンの材質がいつもの型とまったく違っていた

★　ヒーター端子の増し締めをいつものやり方でやったところ、端子を破損させてしまった。作業手順書を確認すると「破損しやすいのでトルクは少なめに」と明記されていた

目学とは、基準や標準を自分流に拡大解釈するという意味もありますが、我流も許されるというようになっていきます。次は段取り作業での人為ミス事例です。

★　段取り手順書はなくみんな我流でやっている。段取り時に型の位置を逆に取り付けてしまい、稼働直後に型を破損させてしまった

社内の決めごとが少ない職場では我流が当たり前になってきて、結果的に人為ミスもたくさん発生しているわけです。標準化の初期段階ではこのような目学が頻繁に発生して、それをなくすまでに大きなエネルギーが必要になります。

②　知り過ぎ

判断ポイントが多くなり過ぎると、人は意識して全部を把握しようという努力を放棄します。だから判断間違いや判断忘れが起きてしまうのです。

流れ検査作業で瞬間に10カ所ぐらいを検査させているケースを見かけます。しかし、人間の動体視力は0.2秒間に1メートル範囲しか知覚できません。10カ所検査させているつもりでも現実に検査員は2～3カ所しか見ることができませんが、本人は絶対にそれを言いません。これが検査の見逃しを誘い込むのです。

段取り替えのたびに組付け部品の入れ替えをやるのは時間のムダとばかりに、ライン上に幾種類もの類似部品を出したままにしてあるケースに出会います。目標タクトタイムで追われている作業者は、類似部品なので一瞬とまどい何かの原因でA部品とB部品を間違って組み付けることがあります。こういう作業のやらせ方は、常に作業者に「A部品とB部品とを間違えてはいけない」という失敗ストレスを与え続けることになっているのです。目標タクトタイムの中に、選ぶ、探す、調整する、を入れない

ことです。

広いガラス板の汚れを検査する作業でも、「全体を見て確認せよ」ではなく、「板を上部から5分割して上からS字をたどって見ていけ」という検査手順を指示すべきです。

人は視野を2分の1にすると、脳の判断負荷は4分の1になり、検出力が高まるからです。

仕様が250種類もある製品の出荷作業で、1台ずつに10種類ある付属品の中から2個と、9種類の取扱説明書の中から4種類を選んで箱に入れる作業で、入れ間違いが頻発していました。作業者の選ぶ・探す・判断する負担が大き過ぎるのです。

③ 残像記憶

過去のできごとや繰返し、慣れによる記憶が強過ぎて、新しい情報がインプットされても過去の記憶の強過ぎる情報と入れ替わってしまうことを「残像記憶」と言います。例えば、以下のようなものです。

★ ワークに5カ所仮付けしてからさらに5カ所に本付け溶接する作業を半年くらい繰り返し続けていると、作業者は完璧に本付けした気になっているのに、ときどき後工程で1カ所本付けを忘れた品が見つかる

★ 化学プラントで朝一番の日常点検している最中に電話があり、電話を終えてから点検の途中に戻って点検を始めた。中断点の記憶が少し曖昧だったが、それでも記憶を頼りに作業したところ、実際には2～3カ所飛ばしていたことが後でわかった。毎日やっている点検作業なので、別の日の中断点と取り違えてしまったらしい

★ エレベータの設計業務で、屋内仕様の設計が1週間ほど続いた後、屋外仕様の図面に着手したところ、部品手配表の数字を屋内仕様で設計してしまい、現地設置まで気づかなかった

★ 図面指示寸法の189.6mmを確認したのに198.6mmに加工してしまう、加工ミスが比較的多くある。なぜ間違ったのかと作業者に聞くと、「直前に198.6mmの加工をミスしてしまい、上司にこってり叱られ

た」という過去のプレッシャーが原因だった

今度こそ間違えてはいけないと緊張しているうちに、198.6という数字が記憶され過ぎて、189.6を見ても198.6と見えてしまうわけです。強過ぎる記憶は残って悪さをするので注意が必要です。

④　ずるさ

早く済ませたい、自分だけいいことをしたい、怒られないで済ませたい、といった気持ちから、手抜きをすることを言います。それも軽い気持ちでやるから厄介です。例えば以下のようなことです。

★　ある貨物航空の会社でエンジン内のボルトが壊れたまま7カ月間も運行を続けた、という不祥事があった。整備担当者がエンジン内部のボルトを誤って壊してしまったが、修理に間に合わなくなり整備記録に残さず運行を続けた。その後、隠れて修復しているうちに別のボルトも壊してしまったが内緒にしたまま運行は続けられた。その担当者は「整備規程には違反しているが、飛ばしても大丈夫だと思った」と話している

★　2013年、東海村の加速器実験施設J-PARCで起きた放射性物質漏出事故では、装置が誤作動して警報が鳴ったのに、その警報を切って実験を再開し、フィルターがない排出ファンを回して放射性物質を外部にまでまき散らしてしまい、34人の被爆者を生んでしまった。落ち着いて考えれば、警報ブザーが鳴れば実験を停止して処置しなければならないし、フィルターのない換気扇を回せば関係ない人まで被爆することなど簡単にわかるのに

★　ラジエーター交換作業で、手順書に従ってやると面倒なので、少しは危ない気もしたが自分の慣れたやり方でやったところ、ヒーター固定ブロックのボルトをねじ切ってしまい、さらに温度センサーまで破損させてしまい、国内から部品を送ってもらうために数日間作業が止まってしまった

この設備メンテナンスの事例では、装置の再稼働が数日間伸びたために損害賠償まで発生しています。また次の3つは、よくある事例ですがいつ

かは大きなトラブルにつながっていきかねません。

★ 工場で使うエアー圧が低下してきたが「誰かがやってくれるだろう」とそのまま作業を続けた

★ いつもより不良品が多く出てラインがたびたび停止するので、ポカヨケ装置を解除して作業を続けた

★ 急いでいたのでクレーム報告書の誤字・脱字は上司にチェックしてもらおうと確認せずに提出した。上司も忙しさにノーチェックでお客様に提出したところ、苦情を言われてしまった

(4) 精神的・身体的限界がある

① イライラ

人は作業の中で「いやだなあ～」「めんどうだな～」「やりにくいな～」と思う部分に直面するとリズムが崩れ、やる気が失われて、ストレスを高めてしまいます。

イライラ作業は次の６つに分類されます。

① 複雑さ
② やりにくさ
③ 危険を感じる
④ 集中作業での騒音・雑音・人の気配
⑤ 判断基準があいまい(官能検査)
⑥ 調整・現合(微調整が求められる)

このようなイライラ作業ではベテランはうまくやる技量を積み重ねているので、比較的ミスは犯さないのですが、新人や、ベテランでも集中力が切れたときにミスが発生してしまいます。

いくつかの事例で説明します。

★ 摩耗した治具を使って作業せざるを得ず、片手で治具を押さえながら無理な姿勢で部品のネジ締めをするので、ネジの斜め入りや落下が頻繁に起こる

★ 狭い空間で、さらに安定性の悪い運搬台車の上で、ボードのビニール開梱を２人でやっていたところ、ボードを滑らせて落としてしまっ

た。セラミックス製のボードを作り直すまでに１週間かかった。その間、装置の据え付けはストップした

★　組付け部品の中に不良品が含まれているので、ときどき選別や手直しでラインを止めざるを得ず、製品の不良品を多く発生させてしまった

★　３人１組の組立ラインで日頃仲の悪い人と作業することになり、リズムが崩れて不良品を多く出してしまった

★　外観では判断しにくい非磁性と磁性の部品を組み付ける工程で、組み付け間違いが頻繁に発生した

②　疲労

とっさの反応が必要な作業、その都度違った情報を記憶しなければならない作業、強い筋力を要する作業、背伸び作業・腰の折り曲げ作業・傾けた姿勢の作業・暑過ぎ寒過ぎの作業などを継続していると、疲労で五感が麻痺して集中力が散漫になり、身体生理機能が低下してヒヤリハット件数が急増してきます。事例では次のようなものがあります。

★　あるメッキ職場で、終業間際に特急品が入り、午後11時くらいまでかかってしまった。帰り間際にメッキ槽のバーの清掃をやっていたところ、疲れで本槽のなかに落下して大事故になってしまった

★　座り姿勢で１日中制御盤の配線作業をやっていると、だんだん下半身が硬くなり配線間違いが発生する。この配線間違いはノイズ発生ミスも引き起こしやすい

★　食品工場の調理作業（ニーダーに材料野菜と添加物を投入し攪拌して味をつける）でときどき材料（20kg）コンテナーや添加物の缶を落下させてしまう。床にこぼしたものは廃棄処分にすることになっている

一般に現場には受注ロットが小さ過ぎて機械化しにくい、好況と不況の循環が短か過ぎて慢性的な人手不足と残業体質に悩まされるところが多いのではないかと思われます。その結果として一人ひとりの作業者には過負荷な状況が起きやすいのです。疲労が原因の人為ミスは根の深い問題だと思われます。

③　緊張

目的の行為を完遂させるためにあせり、「ミスしないように自分を追い込む」ことが過度になるのが緊張です。

またミスを絶対に許さないので、自らを追い込むほど視野狭窄に陥り、体が硬くなってしまいます。時間やノルマに追われ過ぎると、時間やノルマだけを優先させるので、正確な手順でやる、品質を守る、安全にやる、などがおろそかにされやすくなるのです。

つまり、緊張は何らかのプレッシャーを受けたときに発生します。

精密板金作業の事例で説明します。曲げ加工をやっていた作業者がたびたび寸法不良を発生させるので、その作業者とじっくり話し合いを持ちました。その結果さらに不良品が増えてしまいました。その作業者が言うには、「間違わないようにと自分に言い聞かせるほど緊張して、さらに間違えてしまう」らしいのです。いろいろと指導してみたのですが、最後には「自分はこういう仕事には向かない」と言って辞めてしまいました。この作業者は自分を追い込みやすい性格だったのです。

また、特急などの飛び込み作業はミスが多いので、結局、全数選別が必要になり、急いでやった意味がなくなる場合があります。仕事には適度な緊張感が必要ですが、それが過度になると人為ミスを呼び込む原因になってしまうのです。

「あせり」も緊張の一種であると考えます。あせると、自分の限界を超えたスピードを求めることになるので、知らず知らずのうちに気持ちが上滑りし、手抜きや工程飛ばしにつながっていきます。

1.4.4　13の心理メカニズムの解説と60の事例

人為ミスは、どのような現場であれ、職場であっても、ある程度パターン化されて発生するのではないかと思われます。あらかじめ考えられないような人為ミスはほとんどありません。例えば建設現場で発生する人為ミスには、危険軽視・慣れ、不注意、近道行動、パニック、錯覚、中高年の機能低下、疲労、単調作業による意識低下などがあります。

また事務職場では、処理忘れ、入力ミス、誤表示、配布ミス、消去ミス、廃棄ミス、送付ミスなどが多いと聞きます。表現は違いますが、表1.7の内容と大きくは異なるものではありません。そこで職種・業態は変わっても13の心理メカニズムが間接原因の基本型であるとの考えから、人為ミスの事例を一覧表(表1.7)にまとめました。

間接原因の究明の際、表1.7の60事例の中に類似の事例を見つけてほしいのです。

表1.7　13の心理メカニズムの定義と事例(その1)

見間違い	本人は正確に見たつもりだけれど、実際には正確に脳に伝わっていない
事例1	違いのわかりにくいものに、識別印をつけなかったのではないか
事例2	計算式は「見える化」しないと間違いやすいのではないか(頭の中で計算してから、機械装置の条件値を算出するなど)
事例3	数字が小さ過ぎる、文字が薄い、手書きでクセ字、などが原因ではっきり読めなかったのではないか
事例4	環境条件(照明、見る位置)が悪くて見にくかったのではないか
事例5	普通視力、動体視力、明視距離などに機能低下があって見にくかったのではないか
事例6	種類、形状、色などが似ており、パッと見ただけでは判断がつかないレベルのものを隣り合って配置するとか、混ざって使用するなど、配慮が欠けていたのではないか
事例7	重要な計数値なのに、アナログ判定(目盛りを読ませる)させていたのではないか

聞き違い	本人は正確に聞いたつもりだけれど、実際には脳に正確に伝わっていない
事例1	騒音などが大きくて、指示内容がハッキリ伝わらなかったのではないか。また、反復の習慣がなかったのではないか
事例2	上司が興奮して同時にいくつかの指示を出したため、聞き落としたのではないか
事例3	相手の言葉を違う意味にとったのではないか(安全と完全、至急と支給など)
事例4	言葉の省略や、専門用語を違う意味に理解したのではないか

表 1.7　13 の心理メカニズムの定義と事例(その 2)

勘違い	**思い込み、早合点、錯覚などにより、本人は正確にやったつもりなのに、実際にはミスやエラーを犯している**
事例 1	感覚的に錯覚を引き起こしやすい状況があったのではないか(光線の悪戯、空間配置の悪戯、遠近法の悪戯など)
事例 2	習慣に慣らされた身体が、逆にその習慣に乗っ取られたからではないか(いつもと違うやり方でやらされたため、ミスが多発した)
事例 3	作業者が持っている記憶のパターンが多過ぎて、自分では A のことをやるつもりでいるのに、B のパターンでやってしまったのではないか
事例 4	ベテランの「何でもやれる」という自信が、1 を聞いて 100 を知る軽薄行動をとらせてしまったのではないか

気を利かせ過ぎ	**できるだけ速く、できるだけ楽に済ませて安心したいという気持ちが働き、余分なことにまで手を出してしまう**
事例 1	急いでいたので、書類の端にメモ書きしたり、仮置きやチョイ置きして、うっかり忘れてしまったのではないか
事例 2	置き場が遠いので、次の作業に使う資料や図面なども一緒に準備し、デスクに積み重ねて置いたため、間違って使ったのではないか
事例 3	手待ちの時間に余分な作業に手をつけたことが、ミスを引き起こしてしまったのではないか
事例 4	時間のきりが良かったので、チェックシートだけ先につけて休憩に入ったが、休憩後には、やるべき作業のことをすっかり忘れてしまったのではないか

心離れ	**何か少しでも気になることがあると、今やっている作業に意識が集中できない(手足が最後まで実行していないのに、脳は勝手にやった気になってしまう)**
事例 1	心配事や、次の作業のことや、明日の作業予定が気になって、今の作業に集中できなかったのではないか
事例 2	後から割り込んできた作業のことに気を取られ、中断した作業のほうが、おろそかになったのではないか
事例 3	定時間際の飛込みで、時間のことが気になってあせってやったのではないか
事例 4	突然の中止、変更指示、特急作業などのプレッシャーが重なって、頭の中が混乱し、やっていた作業が上の空になっていたのではないか

表 1.7　13 の心理メカニズムの定義と事例(その 3)

気の弛み	慣れてくると、ほとんど何も考えないで、手足だけを動かす無意識行動を取ってしまう(マンネリ・慣れ)
事例 1	今やっている“作業と意識”をつなごうという緊張感がなくなって、作業が“上の空”になっていたのではないか
事例 2	緊張状態が解けた直後で、ほっとしてしまい、注意行動をうっかり忘れてしまったのではないか
事例 3	同じ動作を繰り返しているうちに、身体がそれを覚えてしまい、過信も加わって、飽きや眠気などでミスを呼び込んだのではないか
事例 4	改善などにより作業のやり方が変わったのに、ほとんど無意識のうちに慣れ親しんだ自分流に戻っていたのではないか

目学(めがく)	経験を積むほど自分に都合のいい判断が入り込んで、決めごとの許容範囲を拡げてしまう(慣れるほど近道行動をしやすくなる)
事例 1	前にもマニュアルを守らなくてもうまくいった類似体験があって、今回もこのやり方でうまくいくはずと、簡単に思わせる状況があったのではないか
事例 2	毎回マニュアルどおりやるより、慣れた“我流”でやるほうが速くて良い作業ができる、という個人の思いを優先したのではないか
事例 3	マニュアルがわかりにくかったり、やりにくかったりしたので、作業者は我流(自己判断)でやらざるを得なかったのではないか
事例 4	この作業にはマニュアルがなく、作業者の判断や記憶、さらにはカン・コツに頼らざるを得なかったのではないか

表 1.7　13 の心理メカニズムの定義と事例(その 4)

知り過ぎ	**判断ポイントが増えることによって集中力が分散してしまい、今やるべき作業だけに 100%集中できない**
事例 1	机の上にはさまざまな作業に使うマニュアルや資料・図面などが乱雑に置かれ、作業者の頭の中も相当混乱した状態だったのではないか
事例 2	作業に必要なマニュアルや資料などが、あちこちに分散して置かれたり、ファイリングされているため、すべてに目を通さずに、チェックすべき項目の見落としがあったのではないか
事例 3	いくつかの作業を同時並行で進めているうちに、頭の中が混乱して肝心な作業の重点ポイントをうっかり忘れてしまったのではないか
事例 4	複雑な作業を、すべて記憶に頼って進めているうちに、手順の飛びが発生したのではないか
事例 5	一度にたくさんのことを教えられて(あまり重要でないことまで)、いざ作業を始めたとたんに、重要ポイントのいくつかを忘れてしまったのではないか

残像記憶	**同じ動作を繰り返しているうちに、記憶が脳に刷り込まれて、やっていなくてもやった気になってしまう(記憶の刷り込み)**
事例 1	単純動作の繰返し作業であるにもかかわらず、チェックの仕組みがなかったのでないか(ミスが発生することを前提に作業が設計されていなかったのではないか)
事例 2	桁の多い数字列を記憶して、その数字を転記したり、システム入力するというように、記憶に頼り過ぎる作業のやり方だったのでないか
事例 3	溶接の仮付けと本付け、ネジの仮締めと本締めのような作業を繰り返しやっているのに、工程チェックをうっかり忘れたのではないか
事例 4	一日の繰り返し作業で伝票を見ながら 1010 と入力していたところ、突発の出来事があった後、1001 と入力を続けた間違いに気づかなかったのではないか

表1.7　13の心理メカニズムの定義と事例(その5)

ずるさ	問題のあることは十分認識しつつも、「バレないはず」と自分勝手に判断して手抜きをする
事例1	マニュアルでは決められているが、納期が迫ってきたので、絶対見つからないだろうと、たかをくくって手抜きしたのではないか
事例2	確認・チェックの決めごとはあるが、たとえ、見逃しがあっても誰の責任かハッキリしないため、いいかげんな確認・チェックしかしなかったのではないか
事例3	(実際に少しくらい手抜きしても過去には問題にならなかったので)面倒だったり、今回くらいは大丈夫だろうと勝手に判断して、決められた手順の一部を手抜いたのではないか
事例4	今日はチェック役の上司が不在のため、結構いい加減にやったのではないか

イライラ	嫌だなあ、面倒だなあ、と思うことがあると、そのことが気になって、ほかのことがおろそかになりやすい
事例1	数字が小さい、帳票が読みにくい、マニュアルの記載が不十分など、イライラする原因が重なったのではないか
事例2	システムに不具合があり、出力データを毎回チェック・修正しなければならなかったので、特別の注意が求め続けられたのではないか
事例3	集中力の持続が求められる作業なのに、職場は私語が多く、ときどき電話対応により作業を中断させられ、気が散っていたのではないか
事例4	入力すべき数値、取引番号、相手先コード、口座番号などの配列が、帳票とシステム画面でバラバラになっていて、間違いやすくなっていたのではないか
事例5	1つの作業をするたびに、歩行、もの探し、選ぶ、照合するなどの動作が必要だったのではないか
事例6	毎日の繰り返し作業の中に、発送日が指定された郵便物が事前に持ち込まれたり、将来のある日に確実に実施すべき作業があったりと、作業内容が混乱していたのではないか
事例7	手待ちや例外作業が頻繁にあって、リズムやタイミングを取るのが難しい状況ではなかったのではないか
事例8	相性の悪い人とのチーム作業で、非常にやりにくかったのではないか

表 1.7 13の心理メカニズムの定義と事例(その6)

疲 労	**五感(視覚、聴覚、触覚、味覚、臭覚)の感度が低下すると集中力が散漫になり、ミスを引き込むやすい**
事例 1	疲れで、集中力が散漫になったのではないか
事例 2	重筋作業の繰返しで、手が麻痺して、簡単な動作をミスしやすくなっていたのではないか
事例 3	疲れのため、動作や判断力が鈍くなっていたのではないか
事例 4	窮屈な姿勢を続けていたため、筋肉が凝り固まってしまい、とっさの対応が遅れたのではないか

緊 張	**瞬時に、その場面で最も気にしている情報のみに注意力を集中し、他の情報をすべてシャットアウトしてしまう**
事例 1	結果を意識し過ぎて、動作がぎこちなくなってしまったのではないか
事例 2	頭の中が真っ白になってしまい、やるべきことを欠落してしまったのではないか
事例 3	時間が緊迫していたり、状況が切迫していたため、気持ちだけが上滑りしてしまっていたのではないか
事例 4	失敗が続いて、ますます気持ちが追い込まれていたのではないか

第2章

# 人為ミスの再発防止法
TSB(トラブル・再発・防止)

本章では、第1章で触れた「管理の3つの欠陥(直接原因)」「人の13の心理メカニズム(間接原因)」を利用し、実際に再発防止策を導き出すための方法＝TSB(トラブル・再発・防止)について解説します。

TSBは、管理で防ぐ人為ミス対策が基本です。管理で防ぐ人為ミス対策とは、人為ミスの発生責任を監督者責任と捉えて対策を考えること、つまり、人為ミス発生職場の監督者がやるべき管理の3要素(標準化・指導訓練・標準遵守)のやり方を見直すことが対策の中心になります。

「人間は誰でもミスをする」ことを前提に、「ミスしにくい作業方法」「ミスに気づけるチェック方法」を考えることがTSBで求める人為ミス対策です。

2.1　人為ミスの再発防止に向けて発想の転換を

再発防止とは同じ原因による人為ミスを二度と発生させないことです。人為ミスの発生確率をできる限りゼロに近づけることを目標にするという発想で取り組む人為ミスの再発防止法が“TSB(トラブル・再発・防止)です。

人為ミスは、うっかり、ぼんやり、たるんでいる人だけが起こすものではありません。人間であれば誰でも人為ミスを起こす可能性があります。人間には「できるだけ早く、楽に、よりよく」と考える「知恵」が備わっています。そのため、常に知恵を働かせている優秀な人ほど、人為ミスの発生確率は高いのではないでしょうか。

また、作業の中で工具が探しにくい、図面が見にくい、作業指示書がわかりにくい、などといったことは特に初心者にとっては、「どうしたらいいだろうか」という不安を増大させるものです。また、何かをしにくいことは、本来の作業以外に余分な神経を使わせてしまうため、人為ミス誘発メカニズムが作用しやすい状況を作り出してしまいます。

このように、人間であれば誰でも、そして繰り返し発生するのが人為ミスなので、「人為ミスを発生させない対策」を取ることは不可能です。本著で提案する人為ミスの再発防止法は、「人はミスをする」ことを前提に、「ミスしにくくする対策」、「ミスしても気づける対策」を考えることを対策の基本としています。

2.2　人為ミスは監督者の責任

これまで、どちらかというと、ミスした作業者に、教育をし、自己管理を求め、二度とミスを起こさせないようにすることを人為ミス対策と考えていたのではないでしょうか。

このように人為ミスは「発生させた作業者の責任」という考え方で対策すると、どうしても「注意させます」「徹底させます」「気をつけさせます」というように、作業者への教育訓練が対策になってしまいます。もちろん教育訓練も必要な対策の１つですが、いくら徹底させても、いくら注意させても、それだけではまた発生するのが人為ミスのやっかいなところです。

人為ミスはさまざまな状況のもとで起こるので、再発を防ぐのは難しいと考えられがちです。さらに、多くの監督者の気持ちの中に、「作業者がもう少しだけ気をつけてくれれば、こんなミスは起きなかったのに……」というような、人為ミスはそれを発生させた作業者の責任という誤った考え方があります。そのように考えている限り、効果的な再発防止策を打つことはできません。監督者が自身の自責に基づいた再発防止策をきちんと取らないことが、なかなか人為ミスが減らない原因ではないかと思います。

TSB(トラブル・再発・防止)では、ミスをした作業者に反省を求め、自己管理を強く求める対策ではなく、人為ミス発生職場の監督者がやるべき管理の3要素である、「標準化」「指導訓練」「標準遵守」のやり方を見直すこと、つまり、人為ミスの発生責任を監督者責任と捉えて対策することを基本にしています。

2.3　管理で防ぐ人為ミス

本書においては、人為ミスは「人間の行動における自然な副産物」と定義しています。これは国際民間航空機関の安全管理規程にある人為ミスの定義と同じです。人間であれば誰しも人為ミスを起こし、人間である限り人為ミスとは無縁ではいられません。

人間であれば誰でも起こしてしまうのが人為ミスなので、その発生を予測して対策を打つこともできず、また発生原因もさまざまで、それこそ無限に発生するのでまったく手が打てないというのが一般的な考え方です。また、人為ミスは個別対策をどんなに打っても、特定の問題が解決されるだけで、作業者が変わり、製品が変われば、また、人為ミスが再発する可能性があります。

第1章で人為ミスの発生メカニズムについて述べましたが、人為ミスにはその発生原因があるので、きちんと個別対策ができるというのが筆者の基本的な考え方です。したがって、発生した人為ミスにはきちんと再発防止対策を取ることが基本です。

2.4　人為ミス再発防止法 TSB(トラブル・再発・防止)

2.4.1　一般的な不良対策と人為ミス対策の違い

図2.1は、一般的な不良対策と人為ミス対策の違いを表したものです。両者の最も大きな違いは、前者は「不良品の再発防止」が目的であり、後者は「人のミスの再発防止」が目的である点です。

不良(クレーム)対策のやり方にはいろいろな手法がありますが、最近は「なぜなぜ分析手法」を採用されている企業が多いように思います。手法はいろいろであっても、「なぜ次工程(クレームの場合は社外)に流出した

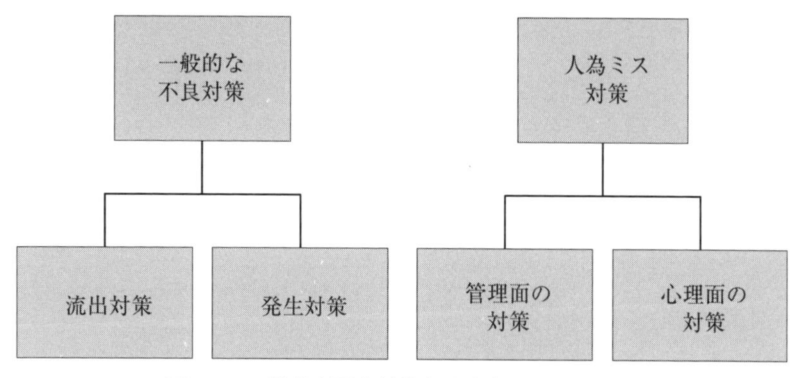

図 2.1　一般的な不良対策と人為ミス対策の違い

か」という流出原因対策を優先し、次に「なぜ、不良品を造ってしまったのか」という発生原因対策を取るというのが不良対策の基本です。さらに付け加えると、不良品の発生に関係者が何人いようと、1件の対策として処理されます。

これに対し人為ミス対策は、人のミスの再発が目的なので、基本は1人1対策が必要です。検査員のミス、作業者のミスはもちろん、同じミスの再発であっても、昨日のミスと今日のミスには別々の対策が必要です。

また、人のミスの再発を防止する対策として、以下の2つの側面から対策を検討します。

★　管理の3要素である、標準化、指導訓練、標準遵守面からの対策

★　ミスした作業者の心理面の負担を軽減する作業のあり方を研究する対策

便宜的に、前者を管理面の対策、後者を心理面の対策と名づけております。

2.4.2　人為ミス対策書の作成

TSBによる人為ミス再発防止対策は、人為ミス対策のために設計した専用フォーマット(図2.2、p.46～47)を活用し、表2.1(p.45)に示すとおり4つのステップで対策書を作成します。

TSBは、ミスの主原因が「人」によることが明らかな場合や同じ人が

表 2.1　人為ミスの再発防止対策ステップ

ステップ 1	人為ミス発生状況のスケッチ
ステップ 2	直接原因の特定と対策の立案
ステップ 3	間接原因の特定と対策の立案
ステップ 4	フォローアップ計画策定

表 2.2　人為ミス発生状況のスケッチ項目

1	**いつ**（詳しく）
2	**どの工程**（作業）で
3	**誰が**（詳しく）
4	**何の**（製品名など）
5	**ミスの内容**（できるだけ詳しく）

同じようなミスを繰り返すような場合に、一般的な不良対策（不適合の是正処置）に加えて実施します。

2.4.3　ステップ 1　人為ミス発生状況のスケッチ

まず、いつ、どの工程（作業）で、誰が、何（製品名など）で、どのようなミスを発生させたのか、表 2.2 に示す 5 項目について当事者へのヒアリングも含めて、できるだけ状況を詳しく記入します。人為ミス発生状況のスケッチで特に注意したいことは次の 4 点です。

(1)「いつ」記入の注意点

日付、曜日、発生の時間帯の記入は必須とします。そして、日付はミスが発生した（もしくは発生したと思われる）日付を調べて記入します。

さらに、勤務体系などから、残業、夜勤、休日出勤の別、ミスの内容や取扱い製品の特徴などから、気温や湿度などの環境条件も含めてできるだけ詳細を記載しておきます。

1.　ミス発生状況のスケッチ

いつ（詳しく）	
どの工程（作業）で	
誰が（詳しく）	
何の（製品名など）	
ミスの内容 （できるだけ詳しく）	

2.　直接原因の特定と対策の立案

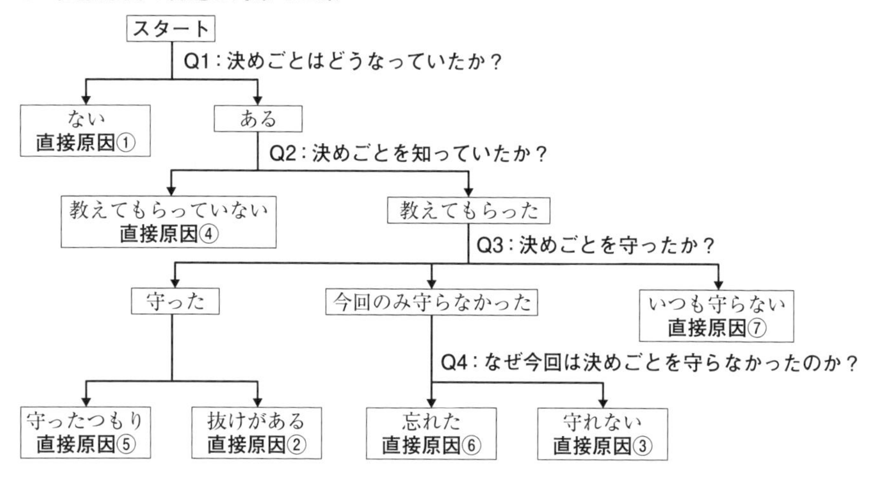

対策の立案（直接原因）

誰が	いつまでに	何を	どうする

図 2.2　人為ミス対策書（その 1）

3. 間接原因の特定と対策の立案

ミス発生時の状況	目学(めがく)	
	知り過ぎ	
	残像記憶	
	気を利かせ過ぎ	
	ずるさ	
	心離れ	
	イライラ	
	見間違い	
	聞き違い	
	勘違い	
	疲労	
	緊張	
	気の弛み	

対策の立案(間接原因)

誰が	いつまでに	何を	どうする

4. 対策のフォロー計画

フォロー項目	誰が	フォロー日	フォロー結果のコメント

図 2.2　人為ミス対策書(その 2)

(2)「誰が」記入の注意点

まず重要なのが、この時点で対象者を１人に絞り込むことです。そのうえで、個人名ではなく、ミスを発生させた人の属性を詳しくスケッチします。例えば、男性か女性か、正社員かパート社員か、他職場などからの応援者か、そして、忘れてはいけないのが、ミスをした作業の作業経験についての情報です。

(3)「何(製品名など)の」記入の注意点

ここに記述していただきたい内容は、ロット番号や品番などの情報ではなく、ミスが発生した製品の特徴です。例えば、毎日生産する、ごくたまに生産する、特注品、生産計画変更対応(特急品・割り込み生産品・数量変更品・再手配品)などの情報です。

(4)「ミスの内容」記入の注意点

ここには、不良品(クレーム)の内容ではなく、人のミスの内容を記入します。同じ数字の見間違いミスでもその現象はすべて違います(表1.1、p.3)ので、できるだけ詳しく記入します。なお、ステップ３で改めてミスした作業者の心理面の状況(急いでいた、あせっていたなど)についてヒアリングをしますので、ここでは、事実に焦点を絞り記入します。

2.4.4　ステップ２　直接原因の特定と対策の立案

(1)　直接原因特定のやり方

直接原因とは、作業をする前提となる決めごとの「あいまい」な部分のことです。作業の前提となる決めごとにあいまいなことがあると、作業者は作業の途中で、「記憶を呼び起こす」「考え出す」「判断する」など作業を中断して思考を別回路に切り替えざるを得ない状況が発生します。つまり、「作業を中断させた主要因」が人為ミス発生の直接原因ということです。

ステップ１の状況ヒアリングから、管理面の主要因(ミスが発生した作業に関する社内の決めごと)を１つに絞り込み、図2.3に示すヒアリングステップに従って直接原因を特定します。

例えば、「棚に似たような部品が雑然と置かれていたので、ピッキング間違いが発生した」という人為ミスが発生した場合であれば、最初の質問は「棚への部品の置き方の決めごとはどうなっているか？」となります。そしてその答えが「特に決められていない」であれば、「決めごとはない」にチャートを進め、直接原因は①となります。もしも答えが「ルールが決められている」であれば、2つ目の質問に進みます。

人為ミスはいろいろな要因が複雑にからみあって発生するため、現実問題として管理面の主要因を絞り込むことには難しさが伴います。しかし、いろいろな面をあれこれと考えると、どうしても「対策が取りやすいもの」「良い対策が浮かんだもの」に対策スキップしてしまいます。対策ス

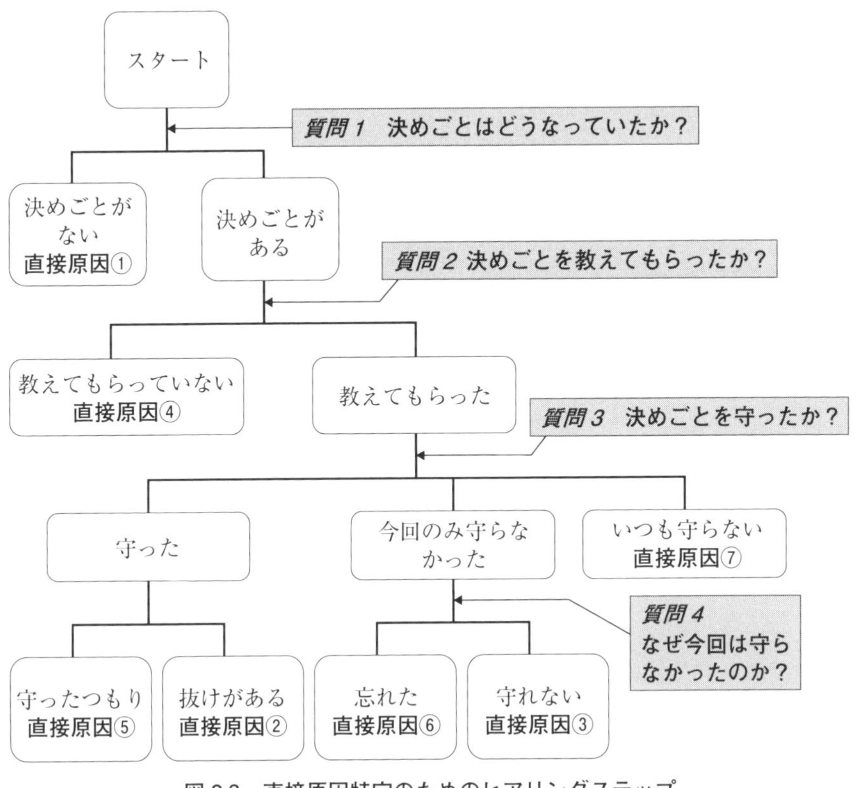

図 2.3　直接原因特定のためのヒアリングステップ

キップとは、原因と対策の因果関係がかならずしも一致しないことを言います。このような対策スキップを防ぐために管理面の要因と対象者を１人に絞って、４つの質問で１つの直接原因を特定できる簡易法を推奨しています。

(2)　直接原因対策の立案

表2.3は、７つの直接原因とその対策をまとめたものです。特定した直接原因に対応する対策を考えるガイドにしてください。

直接原因対策は、人為ミス発生職場の監督者がやるべき管理の３要素である、「標準化」、「指導訓練」、「標準遵守」のやり方を見直すこと、つまり、人為ミスの発生責任を監督者の責任と捉えて対策を立案します。

①　直接原因①、直接原因②、直接原因③の対策

直接原因①、直接原因②、直接原因③までは、作業の前提となる決めごとに何らかの不備があったことが人為ミスの発生原因です。したがって、対策は決めごとの作成、決めごとの補強、決めごとの修正となります。管

表2.3　７つの直接原因とその対策

直接原因		対策
直接原因①	決めごとがない	新たに必要な決めごとを作る
直接原因②	決めごとに抜けがある	決めごとの抜けている部分を補強する（決めごとの改訂）
直接原因③	決めごとを守れない	守れるような決めごとに修正する（決めごとの改訂）
直接原因④	決めごとを教えていない	できるようになるまで教える
直接原因⑤	決めごとを守ったつもり	正しい作業がされないと先に進めない仕組みや仕掛けを考える
直接原因⑥	決めごとを忘れた	作業が終わっていないことに本人または後工程が気づくような仕組みや仕掛けを考える
直接原因⑦	決めごとを守らない	決めごとを遵守させる仕組みや仕掛けを考える

理の3要素で言えば、ミスが発生した作業の標準化のレベルを向上させることが対策になります。

つまり、直接原因①、直接原因②、直接原因③までは、現在やっている不良対策と何ら変わらず、どこの会社でも普通にやっている対策と同じです。

②　直接原因④の対策

ここからがいよいよ TSB の特徴で、これまでの不良対策との違いが出てきます。直接原因④は、「決めごとを教えていなかった」ことが原因です。その対策は「できるようになるまで教える」ということですが、この当たり前過ぎる対策の中にこれまでの不良対策との違いが出てきます。

人為ミス対策では、「できるようになるまで」という部分が重要なのです。作業者教育は重要な対策なので、どこの会社でも必ずやっていると思います。では、教えた後の「できるようになったかどうかの確認」はどのようにやっているでしょうか。直接原因④の対策では、「教えること」だけでは不十分で、できるようになったかどうかの確認を、いつ、誰が、どのような方法でやるかということまで考えることが求められます。

これまで多くの事例を見てきましたが、この部分ができているようで、案外できていないところです。なお、直接原因①、②、③の対策で作業の前提となる決めごとを見直した後は、必ず作業指導が必要になります。つまり、管理面の対策とは、監督者が取るべき対策を考えることなので、教える（作業指導）ということは7つの直接原因の対策として、すべてに必要な対策ということになります。ここが直接原因対策（管理面の対策）の一番のポイントです。

③　直接原因⑤、直接原因⑥の対策

直接原因⑤と直接原因⑥の対策は7つの直接原因対策の中でも特に難しい対策となります。その理由は、これら2つの直接原因は、ミスした作業者のミスしたときの心理面の状況が影響して発生しやすいためです。

したがって、直接原因対策と次のステップで解説する間接原因対策を切

り離して対策を考えること自体に無理がある場合も多くあります。この場合は、ステップ３で間接原因を特定した後、間接原因対策と直接原因対策をセットにして対策を考えるとよいでしょう。

直接原因⑤の対策は、「正しい作業がされないと先に進めない仕組みや仕掛けを考える」となっています。直接原因⑥の対策は、「作業が終わっていないことに、本人または後工程が気づくような仕組みや仕掛けを考える」です。非常に抽象的な表現に戸惑うことでしょう。直接原因⑤と⑥の対策は、発生案件ごとに違う対策を考えていただく必要があるからです。

人為ミス対策が進まない最大の理由が、「守ったつもり」と「忘れた」ことに対する管理面の有効な対策が取られてこなかったことにあると考えています。つまり、作業者のうっかり、ぼんやりによる注意不足が人為ミスの原因で、作業者に注意を促す再教育、再指導を人為ミス対策としてきたということに他なりません。

TSBでは、ミスが発生した作業（または検査）のやり方を、今のやり方よりも「ミスしにくくするやり方」、「ミスしたことに気づけるやり方」を考え、やり方そのものを見直すことを直接原因⑤と⑥の対策としています。

なお、直接原因⑥の対策を考える際には、ミスした本人の作業だけでなく、ミスした作業の次工程の受け入れ作業のやり方まで含めて見直しの対象にすることがポイントです。

④　直接原因⑦の対策

これまでに多くの人為ミス対策を見てきました。経験値をもとに、一般的な人為ミス対策の割合をグラフ化すると図2.4のようになります。7割が管理面の対策、3割が管理者による指導教育のもとに作業者に自己管理を求める対策です。そして、7割の管理面の対策のうち、半分以上を占めているのが標準遵守対策です。つまり、作業者が決めごとを守ればミスは起きなかったということが思った以上に多く発生しているということです。

実際にチャートを使った簡易法で直接原因を特定していただくと直接原

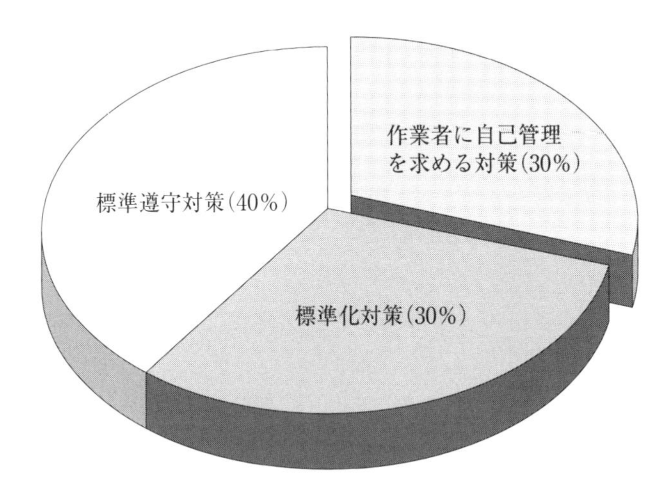

図 2.4　一般的な人為ミス対策の割合

因⑦は多くありません。3つ目の質問で、「決めごとを守りましたか」と質問されて、「いつも守っていません」と正直に答える作業者は少ないためです。人為ミス対策の前に、上司と部下の信頼関係が確立してこそ作業者の本音が聞けるのですが、一般的には標準化よりも標準遵守の割合が多いということを頭の片隅においておくとよいでしょう。

直接原因⑦の対策は、「決めごとを守っていないことが他人に見える」ようにする、つまり「決めごとの見える化」が対策です。見える化の手段は“眼”だけではありません。“耳”を活用した見える化の代表的な対策が「指差呼称」の手順化です。

2.4.5　ステップ3　間接原因の特定と対策の立案

(1)　間接原因とは

ルールを遵守し、正確に同じ動作の繰返しを要求されるものづくりの現場で発生する人為ミスの主原因は「作業の前提となる決めごとのあいまいさ」です。

しかし、人間には、事実を間違って認識しやすい、意図とは違う行動を取ることがある、判断の間違い、記憶の間違い、精神的・身体的限界を超えるとミスを呼び込みやすいなどの弱点があります。また、人間には機械にはない心理作用(早く、楽に、効率的に、より良く)の働きもあります。TSBでは、人間が本来持つ弱点や人間特有の心理作用の働きによるものを間接原因と分類しています。

人為ミスの再発防止を考えるうえで、直接原因(管理面)と間接原因(心理面)の両面から対策を考える必要があります。特にこれまで手がつけられなかった人間の心理面の対策(間接原因)のアプローチ法としてTSBを活用し、既存の不良対策と組み合わせて人為ミス対策を進めると効果的です。

(2)　間接原因特定のやり方

①　作業者へのヒアリングのポイント

間接原因の特定は、ミスしたときに、ミスした作業者の心理状況がどうであったかをヒアリングで聞き出すことからはじめます。ミス発生時の状況は当事者以外にはわからないので、高度なヒアリングテクニックが求められます。

★　ミスを責めずに教えてもらう姿勢で聞く

★　具体的な質問で多くの情報を聞き出す

★「13の心理メカニズム」を頭に置き、仮説を持って聞く

などがヒアリングのポイントになりますが、相手との信頼関係ができていないと多くの情報は得られませんので、日頃の姿勢が問われると言っても過言ではありません。

また、作業者へのヒアリングはミスした当日ではなく、数日経ってから行う場合が多いので、よほど上手に聞き出さないと、「よく覚えていない」「忘れてしまった」など、聞きたいことを聞き出せずに終わってしまうので注意が必要です。なお、発生時点から時間が経つほど人間の記憶は薄れていきますので、100点満点を求め過ぎないことも重要なポイントです。70点を合格ラインに設定し、作業者から情報を聞き出し、間接原因対策を継続していくことの方がより重要です。

②「仮説を持って聞く」具体的なやり方

ミスを責めずに教えてもらう姿勢に徹し、具体的な質問を心がけても、ミスした作業者から詳しい状況を聞き出せず、ヒアリングに苦手意識を持つ方が多いのが実情です。

TSBでは、多くの事例から傾向を探り、13の心理メカニズムをキーにして仮説設定するためのガイドを表2.4にまとめましたのでご活用ください。

ミス発生時の状況はステップ1でスケッチしてありますので（2.4.3項）、ミスが発生した作業、ミスの内容、ミスした作業者の属性などからガイドを参考にして仮説を立て、

★　そのとき、いつもと違うことが起きたのではないか

表2.4　仮説設定のガイド

心理メカニズム	どういう状況で作用しやすいか
目学（めがく）	作業に詳しく、トラブル対応に慣れたベテランに作用しやすい
知り過ぎ	集中力が分散したときに作用しやすい （同時並行作業・例外処理作業・変更対応など）
残像記憶	数字と関連して作用しやすい （同じ動作を複数回繰り返す作業、数字の記憶・照合作業など）
気を利かせ過ぎ	効率を優先した場合に作用しやすい （後でまとめてやる、ちょっと置いておくなど）
ずるさ	作業経験に関係なく、誰のミスかわからない場合に作用しやすい
心離れ	頭の中で今やっている作業以外のことを考えてしまうときに作用しやすい（昼休憩直前や定時の間際など）
イライラ	気になることがあり、作業に集中できないときに作用しやすい
見間違い	いつでも、誰にでも作用する
聞き違い	いつでも、誰にでも作用する
勘違い	いつでも、誰にでも作用する
疲労	体調不良などにより、五官機能が著しく低下しているときに作用しやすい
緊張	プレッシャーや緊張を強いられる特別なことに対応するときに作用しやすい
気の弛み	何も考えずに作業しているときに作用しやすい

★　そのとき、何か気になることがあったのではないか

★　そのとき、何らかのプレッシャーを感じたのではないか

と、具体的な質問を作業者に投げかけながらヒアリングを進めます。

表中の下から3つ、つまり、「疲労」「緊張」「気の弛み」は、発生に個人差があります。ミスした作業者の属性から作用の有無を判断するとよいでしょう。

「誘導尋問のようだ」というご意見をいただくこともありますが、ある程度の時間が経過し、また言葉の少ない作業者から多くの情報を聞き出すためには、聞き出す側が仮説を設定して、言葉を引き出すというテクニックは有効な手段です。

人為ミス問題と取り組むにはこの仮説の設定力が高くないと、人為ミス対策も、品質不良対策も似たようなものになってしまいます。潜在リスクが13の心理メカニズムの形になってどんどん出てくるようになれば、人為ミスは目に見えて減ってきます。

③　ミス発生時の作業者の心理面の動き

ヒアリングでミス発生時の状況を聞き出したら、13の心理メカニズムのどれが、どのような順番で作業者の心理面に影響を与えたかを図2.5のように整理します。

関与が疑われる心理メカニズムの欄に、関与したと思われる順に数字を記入し、一番強く作用したもの、つまり、今回のミスの原因(心理面)を1つに絞り込んで○印をつけます。

④　“勘違い”の心理メカニズムについて

本書では、“勘違い”の心理メカニズムの定義を、「思い込み、早合点、錯覚などにより、本人は正確にやったつもりなのに、実際にはミスやエラーを犯している」としています。

正しい作業が行われてもなお発生してしまう、作業者にはまったく責任のない無意識下のミスを“勘違い”と分類しています。

したがって、「うっかりした」「チラッと見た」「思い込みがあった」と

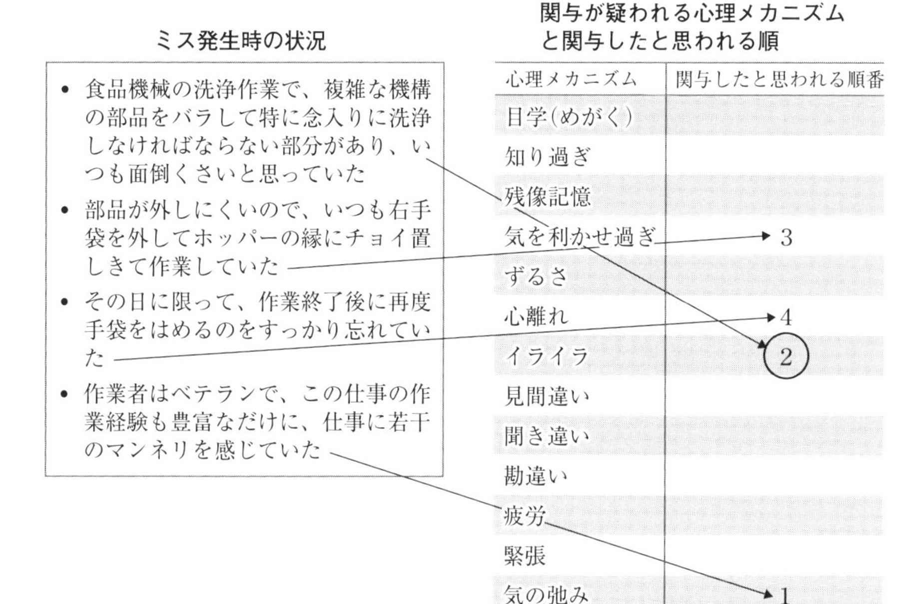

図 2.5　間接原因の特定事例

いうのは“勘違い”の心理メカニズムを引き起こす原因系ということです。それぞれ、慣れによる気の弛み、経験による目学、標準不履行（ずるさ）の心理メカニズムが働いたと考えられます。

(3)　間接原因対策の立案

①　間接原因対策の基本的な考え方

直接原因は1つに絞り込み、対策を打ちますが、間接原因は1つに絞り込む必要はありません。関与が疑われるものにはすべて対策を打つことが基本です。例えば、「連日の残業で疲労が蓄積し、設備トラブルにより計画が遅れたためイライラし、加工数字を見間違えた」であれば、

★　疲労対策：残業時の休憩時間の見直し

★　イライラ対策：設備トラブル対策

★　見間違い対策：加工数字確認方法の再指導

という3つの対策が必要になります。

しかし、現実的には時間も限られており、また、「残業時の休憩時間の見直し」など自分だけではすぐに手がつけられない対策もあります。そこで、最も強く関与したものから順に対策を進めていくのが一般的なやり方です。

②　間接原因対策のヒント

間接原因対策は人間の心理面の対策なので、一般的な不良対策に比べて対策そのものの考え方を大きく変える必要があります。なぜならば、人間の心理は非常に複雑で、「こうすれば完全に再発防止できる」という特効薬がないためです。したがって、「こうすれば前よりもちょっと良いのではないか」というものはすべて試していく必要があります。やってだめならまたやり直すということが間接原因対策には欠かせません。

これまでの個別事例の対策の中から、間接原因対策のヒントになりそうなことを表2.5にまとめましたので、間接原因対策を考える際の参考にしてください。

表2.5　間接原因対策のヒント(その1)

心理メカニズム	対策のヒント
目学(めがく)	①　**標準遵守チェック活動の目的を変更する** 守っている人を褒めることを目的にする ②　**標準類の総見直し** 感覚的な条件設定方法を定量的な条件設定方法に変える ③　**ハードの改善** 簡単に条件を変えられないように物理的に改善する ④　**当事者にする(自分で決めさせる)** 「自分で決めたことは守る」という人間の良い面を活かす ⑤　**決めごとの遵守教育** 「なぜ決めごとを守らなければならないのか」「守らなければどうなるか」など、目的を教える ⑥　**啓発(気づき)教育**(スローガン、ポスター、朝礼などによる意識づけ)

表 2.5　間接原因対策のヒント（その 2）

心理メカニズム	対策のヒント
知り過ぎ	①　必要最低限の情報やツール、材料、部品だけしか与えない仕組み ②　まとめ作業にせず 1 個ずつ完成させる 　並行作業・複合作業の禁止 ③　中断時点の見える化 　どこまでやったかが一目でわかるようにする
残像記憶	①　数字の記憶で判別させず、視覚で判別させる仕掛け 　「必要な部品の棚にランプが点く」、「写真やマークで合わせる」など ②　見るだけでなく、「声出し」「指差し」などの動作をからませて手順を設定する
気を利かせ過ぎ	①　必要なものをすべて事前に準備してから作業をスタートする 　定位置作業化 ②　自由裁量のきく余裕時間を与えない仕掛け 　標準作業化・ペースメーカー・手待ちのイス
ずるさ	①　守りやすい標準の追及 ②　標準遵守状況をチェックする仕組みの強化 　回数の増加、監視カメラの導入など ③　標準遵守のための全社活動（SS 作戦、私の品質宣言など）
心離れ	①　作業中に気が散らないように環境条件を整える ②　サイクル中断品（異常）を識別し、作業終了後に再度自主チェックさせる仕組み ③　やりきりじまいのルール化（昼休み前、定時終了間際など） ④　確認作業の手順化 　コネクターをロックした後に引っ張り確認作業を手順に追加する（コネクターハーフロックミス対策） ⑤　音やブザーで作業者に気づかせる仕掛け 　決められたトルクや締付け数でブザーが鳴るドライバーの活用など
イライラ	①　作業者が感じるイライラの原因を、作業者が満足する形で改善する 　• スイッチの位置の変更 　• 台車や作業台の高さの調整 　• 専用工具化 　• 治具の摩耗の修理 　• 作業姿勢の見直し

表 2.5　間接原因対策のヒント(その 3)

心理メカニズム	対策のヒント
見間違い	①　よく使うボタンの大きさや色を変える 緊急停止ボタンは赤色で統一し、一回り大きくする ②　照明の研究 必要ルクス・蛍光灯の向き・乱反射など ③　文章は指やペンで追いながら読ませる ④　標準字体の使用 自動車のナンバープレートの数字 ⑤　視野を狭めて集中させる 視野を２分の１にすると脳の判断負荷は４分の１になる
聞き違い	①　復唱(オウム返し)させる ②　聞いた後に自分が理解した内容を相手に伝えて確認する
勘違い	①　コンパティビリティの追及 人間が自然に感じる操作や表示の方法と実際のやり方を一致させる
疲労	①　機械化または疲労回復の時間を標準に入れる ②　休憩時間の取り方の工夫 人間が集中できる時間：25 分(サラリーマン 40 分、主婦 15 分で効率が半減する)
緊張	①　(性格的にプレッシャーに弱いなど)個人的な性格まで把握して仕事を割付ける配慮
気の弛み	①　無意識行動を起こさないように適度な刺激、変化を与える ・トップの現場巡回 ・目標の設定・指示・確認 ・ペースメーカーの活用 ・作業ローテーション ・サークル活動 ・改善提案制度 ・ヒヤリハット活動
すべてに共通	①　3S・３定の徹底と正常状態の見える化 ②　3H(初めて・変更・久しぶり)の特別管理

③　すべての心理メカニズムに共通する間接原因対策

間接原因対策に特効薬はないのですが、ものづくりの基本である 5S(整理・整頓・清掃・清潔・しつけ)は、すべての心理メカニズムの作用を減らすことにとても有効です。5S 活動は現場改善の基本中の基本ですが、

「今やっている作業に必要なものがすべて作業エリアに揃っており、必要なものが取り出しやすく戻しやすく、さらに、使いたいときに確実に使える状態が保証されている」ことに加えて、現場のあるべき姿(正常な状態)を「見える化」しておくことは、人為ミス対策として最も有効な手段と言っても過言ではありません。

表2.5中に“3S・3定”という見慣れない表現を使用しておりますが、3Sは「整理・整頓・清掃」、3定は「定位置・定姿・定量」を表わします。一般的に使い慣れている“5S”とほぼ同等の用語としてご理解いただければよいと思います。

A-KOMIKでは、5Sの一要素である“しつけ”を、物の管理とは切り離して、監督者の日常管理の重要な要素として行うことを推奨しています。つまり、A-KOMIKにおいて“しつけ”は“教える(Oのステップ)＋守らせる(Mのステップ)”のことで、5Sとの違いを強調するために、あえて“3S・3定”という造語を使っています。

また、人為ミスの発生を正確に予測することは不可能ですが、アトランダムに発生しているようで、実は、その発生には傾向があるように思います。研修の際に、職場で発生した人為ミス事例を持ってきてもらうと、人為ミスの発生日が“長い休み明け”という場合が多いように感じます。どうも、通常作業時よりも、この日は、この製品だけ、というような特別な

表2.6　3H(初めて・変更・久しぶり)の具体的状況

4M	初めて	変更	久しぶり
人 (Man)	新人(新卒・中途・パート・派遣)	配置転換	職場復帰
設備 (Machine)	新規(設備・金型・治具)	修理・仕様変更	有休設備再稼働
材料 (Material)	新規材料	材料変更・メーカー変更	仕入れ間隔が半年以上空いた、半年以上保管
方法 (Method)	初めての製造・検査・管理	製造・検査・管理方式の変更	半年以上間隔が空いた作業

- ◆ 朝礼のやり方
- ◆ 作業指示の出し方
- ◆ 作業立ち会い
- ◆ 現場巡回の回数を増やす
- ◆ 抜き取りチェック
- ◆ 期間を決めて全数検査
- ◆ 作業の初期管理
  (必要なものが揃っているかどうか確認してから作業をスタートさせる習慣づけ)

図2.6　特別管理の事例

事情がある場合に人為ミスの発生確率が高くなります。

製造現場においては、3H(初めて・変更・久しぶり)、つまり、初めてやる作業、手順や方法が変更になった作業、久しぶりにやる作業は通常作業よりミスや失敗が多いものです。4M(人・設備・材料・方法)別に3Hの具体的状況をまとめたものが表2.6です。

特別な事情のある日、3Hに該当する作業がある場合には、人為ミスの発生をある程度予測して、監督者の日常管理のやり方を特別管理体制に変えることが対策となります。まさに管理で防ぐ人為ミス対策です。特別管理体制の一例を図2.6にまとめましたので参考にしてください。

2.4.6　ステップ4　フォローアップ計画策定

(1)　フォローアップ項目とフォロー日

TSBの最大の特徴は、人為ミス対策の立案と同時にフォローアップの計画を立てることにあります。主なフォローアップ項目は図2.7のとおりですが、人為ミス対策特有のフォローアップ項目として、「標準遵守状況の確認」が特に重要です。

これまで多くの会社で人為ミス対策の研修を実施してきましたが、標準に問題があることよりも、標準不履行によりミスが発生する事例を多く見てきました。人為ミスの再発防止には、対策や横展開はもちろんのこと、「標準は守らなければならない」と常に意識させることがポイントになります。

フォローアップ項目	誰が	フォロー日
必要な対策がすべて完了したか		
関係者に対策内容を説明(教育)したか		
今回の対策は効果があったか		
類似工程に横展開したか(対策の横にらみ)		
標準を守って作業しているか (決めごとの遵守状況の確認)		

図 2.7 対策のフォローアップ計画

標準遵守状況の確認は、生産の特徴(繰返しの頻度)に合わせて計画します。例えば、毎日生産する製品でミスが起きた場合は、対策後3日間集中してフォローし、慣れが出てくる1カ月後くらいに再度フォローするというように計画するとよいでしょう。

(2) フォローアップは誰がやるのか

「標準遵守状況の確認は誰が行うのか」、ここが人為ミス対策の最大のポイントと言っても過言ではありません。

本来、人為ミス対策は、人為ミスが発生した職場の監督者が中心となって対策すべきです。しかし、ほとんどの会社では不良対策の責任部署は品質管理部門で、品質管理スタッフが中心となって不良対策書を作成します。

人為ミスが発生した職場の監督者が、人為ミスの発生を自らの責任と自覚して、対策後の標準遵守状況のフォローアップを実施する、この部分の役割と責任分担が非常にあいまいになっているところです。

通常の日常管理項目に追加して人為ミス対策のフォローアップ項目として、「決めごとを守って作業しているかどうか」を監督者自身が確認すること、これができるかできないかが最大のポイントで、人為ミスの再発防止を防ぐためには絶対に欠かせないことなのです。これまで人為ミスの再発が防げなかった原因が、実はここにあるのではないかと思っています。

第3章

人為ミス未然防止活動の実践

本章では、さまざまな職場で取り組んでいる未然防止活動について、実際の指導事例をご紹介します。指導対象の企業は業種、業態、企業規模などさまざまで、その会社の実情に合わせて活動の進め方を工夫しています。

製造業向けの事例としてA-KOMIKを活用した人為ミスの未然防止法をご紹介しています。現場監督者が主体となって、「あいまいさ」【A】を見つけ、決めごとを決め【K】、教え【O】、守らせ【M】、異常を見つけ処置し【I】、よりよい決めごとに改善する【K】。A-KOMIKサイクルを回すことで、人為ミスの発生しにくい職場を実現します。

3.1 人為ミス対策書を活用した取組み

3.1.1 再発防止から未然防止へ

対策の主体となる品質管理スタッフや管理監督者のみなさんにとって、作業そのものの抱える欠陥が人の心の動きにどのような影響を与えるのか、という問題究明のやり方に慣れるまで、人為ミス対策はとても厄介で理解しにくい領域です。

まずは、発生した一つひとつの人為ミスに対して、再発防止対策に取り組んでみて、効果を確認しながら慣れていくことが必要です。人為ミスはさまざまな現象となって発生しますが、原因は直接原因が7つ、間接原因が13、これらの組合せなので、慣れてくると誰でも使いこなせるようになります。

しかも、再発防止対策をある程度積み上げると、職場の弱点が明確になっていきます。この弱点に手を打ち、再発防止に効果のあった対策を類似工程や作業に横展開するやり方が、最も単純でわかりやすい現実的な未然防止活動ではないでしょうか。この未然防止活動は、業種、業態、企業規模などにかかわらず取り組めます。

3.1.2　対策フォローアップを通じた効果の確認

第 2 章で解説したとおり、人為ミスが発生したら人為ミス対策書を作成します。そして、人為ミス発生職場の職制が主体となって対策を進め、その効果(再発の有無)を確認します。効果の確認できたものについては、同じようなミスの発生が予測できる職場や業務に横展開します。横展開においては、部門をまたぐものも多いため、管理者及び品質管理部門の役割が重要になります。

3.1.3　教育用教材「人為ミス事例集」の作成

効果の確認ができた人為ミス対策は、図 3.1 に示す事例のように A4 判 1 枚に簡潔にまとめ、作業者への品質教育テキストとして活用します。

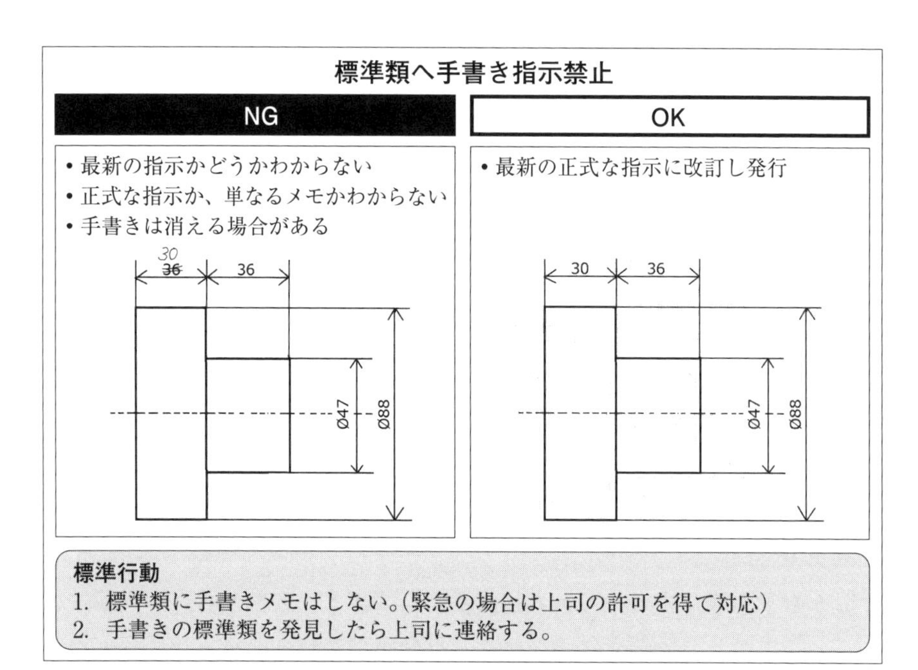

図 3.1　人為ミス事例集(事例)

事例集の作成においては、文字はできるだけ少なく最小限にし、イラストや写真などを活用し視覚に訴えるように作成することがポイントです。また、標準行動には必ず「発見したら上司に連絡」を入れるようにし、標準は守らなければならないという意識を習慣化するとともに、「異常を見つけること」は作業者の責任だという自覚を持って作業してもらいます。

3.1.4 人為ミス原因マップの作成

図 3.2 に示すフォーマットを活用し、対策と対策のフォローアップを通

ミス発生分類		職場別				
直接原因	決めごとがない					
	決めごとに抜けがある					
	決めごとを守れない					
	決めごとを教えていない					
	決めごとを守ったつもり					
	決めごとを忘れた					
	いつも決めごとを守っていない					
間接原因	目学(めがく)					
	知り過ぎ					
	残像記憶					
	気を利かせ過ぎ					
	ずるさ					
	心離れ					
	イライラ					
	見間違い					
	聞き違い					
	勘違い					
	疲労					
	緊張					
	気の弛み					

図 3.2 人為ミス原因マップ

じて職場の弱点を明確にしていきます。その際に、品質管理スタッフだけで進めるよりも、人為ミスが発生する職場の監督者も巻き込んでいくとさらにスピードアップが期待できます。

きちんとデータを取って原因別に整理しないと、どこから手をつけたらよいか迷ってしまいます。一見脈絡もなく人為ミスが発生しているようですが、10事例程度をマップに書き表してみると、案外職場の弱点が浮かび上がってきます。

また、このマップで原因を「見える化」すると、13の心理メカニズムに区分しにくいもの、反対に、わが社ではほとんど考慮しなくてよい心理メカニズムなどの特徴も見えてきます。必要ない物は減らし、必要なものはプラスして人為ミス対策書を使いやすく修正するなど、自社流にカスタマイズしていくとよいでしょう。

3.1.5　活動計画書の作成

課題が明確になったら優先順位を決めて、活動計画書を作成したうえで改善活動に取り組みます。対策を考える際には、2.4.4項の「直接原因の特定と対策の立案」、2.4.5項の「間接原因の特定と対策の立案」を参考にしてください。

活動計画書は、図3.3に示すフォーマットを活用し、計画書を見るだけで改善内容がイメージできるところまで具体的に作成することを指導しております。改善活動には多くのメンバーが参加するため、活動のリーダーを務める管理監督者は、どのような手順で、どのように改善を進めていくか、活動の全体像を、活動をスタートさせる前に明確にしておくことが求められます。

リカバリープランとは、目標達成期限前に計画の進捗をチェックしてみて、「このままでは目標が達成できない」と判断した場合に、リーダーが取る最後の手段のことです。なお、活動計画書の作成については、拙著『A-KOMIK・日々管理で防ぐ人為ミス』(日科技連出版社、2010年)に詳細がありますので参考にしてください。

活動の目的								活動時間見積り		実績	
P											
P								D	D	C	A
実施項目(課題)	具体的実施項目	スケジュール						具体的な作業内容	責任者	評価のモノサシ	リカバリープラン
①	①							①			
								②			
								③			
								④			
								⑤			
								⑥			
								⑦			
								⑧			
								⑨			
								⑩			
	②							①			
								②			
								③			
								④			
								⑤			
								⑥			
								⑦			
								⑧			
								⑨			
								⑩			
	③							①			
								②			
								③			
								④			
								⑤			
								⑥			
								⑦			
								⑧			
								⑨			
								⑩			

図 3.3　活動計画書フォーマット

3.1.6　EHMモデルによる職場の弱点補強対策

人為ミス未然防止に向けて対策すべきことはたくさんありますが、現実的なアプローチ法を単純モデル化したものが図3.4に示すEHMモデルです。EHMはEnvironment(作業環境)、Hardware(ハードウェア)、Method(作業方法)を表します。

EHMモデルは、はじめに人に頼らざるを得ない領域を除いたEHM3要素(作業環境、ハードウェア、作業方法)からできるだけあいまいさを取り除き、人に頼る領域を可能な限り減らしたうえで、個々人の品質意識に対して自己管理も含めて対策を講じていくアプローチ法です。ここでは、概要のみをまとめましたので、詳しくは拙著『A-KOMIK・日々管理で防ぐ人為ミス』の第6章「人為ミスは日々管理力で防ぐ」にありますのでお読みいただければ幸いです。

(1)　作業環境対策

できるだけ作業者が「今やっていること」だけに集中できるように、作業エリアに余分な物を置かないことが物の管理の基本です。さらに、必要な物が、作業者の動線上に、必要な数だけ、使い方を考えて配置され、常に維持されていることが求められます。

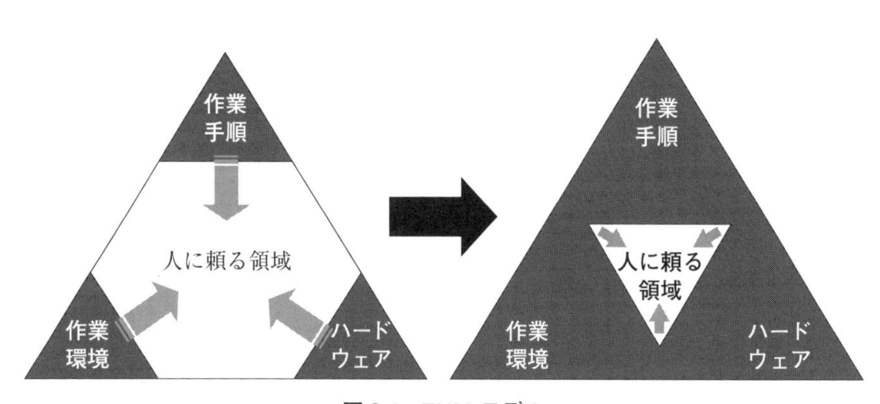

図3.4　EHMモデル

(2)　作業方法対策

作業標準書は誰がやっても、同じ手順で、同じ時間で、同じ品質になる、つまり「一発良品化(ベストウェイ)」を追究します。作業標準書を遵守すれば、誰がやっても安心して良品を造り続けられる前提のもとに、絶対遵守を社内に義務づける必要があります。

(3)　ハードウェア対策

設備のチョコ停、チョコトラは作業者のペースやリズムを崩す元凶です。したがって、作業で使う設備、型・治工具などは、常に可動率(べきどうりつ)100%が維持されている必要があります。可動率とは、使いたいときに、設備や型や治工具が使用可能な状態であることを指します。

(4)　人に頼る領域についての対策

作業している人にとって、能力(保有技能・身体能力)以上の成果を要求されるときに、人為ミスは発生しやすいので、技能訓練によるスキル向上や身体負荷の軽減などが主な対策になります。

3.2　自己管理力を開発する取組み

3.2.1　人為ミス教育の必要性

人為ミスを減らすための教育プログラム、教育資料、教育方法を考えることこそ、いま、品質管理スタッフに求められている課題ではないでしょうか。なお、品質教育は、正規社員だけではなく、パート、アルバイトを含めたものづくりにかかわる関係者全員を対象にすべきです。

さらに、設計部門や事務部門、サービス業では、製造現場に比べ個人に自己管理を求める対策が多くなります。このため、各社の実態に合わせ、第一線で業務を行うすべての人に品質教育を実施する必要があります。

3.2.2　基本的な考え方の確認

第1章の意識の飛びモデル(図1.5、p.16)で、精度の高い組立作業などを速い速度でこなすには、頭で考えてから動作に移すやり方ではミスを引き込みやすいことを述べました。スポーツなどでも「身体に覚えさせろ」と言って、毎日の練習で基本動作を徹底的に身体に教え込みます。

このように人間行動には脳で考えてから行動に移すものと反復練習で動き方を身体に教え込むやり方があるのです。

人為ミスを減らそうとしたら、良い習慣を増やして、悪い習慣を減らすことに手を打つべきです。しつけと訓練に重点を置くことが重要になります。

(1) 「あいまい指示」管理の反省

部下に指示する言葉が、行動につながっていない場合が多過ぎます。代表的なものに「心がけよう」「注意してくれ」「頑張ろう」などがあります。頭で考えるレベルで終わっており、具体的にどのような行動を取ることが「心がける」ことなのかが相手に伝わっていないのです。指示した側は言ったはず、部下からも、心がけたはず、注意したはず、頑張ったはず、という弁解が返ってくるのです。

さらに、しつけの際にも、このときとばかりに部下の気持ちも考えないで一度にたくさんの指摘をしがちです。相手の行動を修正しようと本気で考えるなら、使用する言葉も具体的な行動に落とし込まれた“見える言葉”で指摘すべきです。

(2) 「気をつけよう」管理からの脱却

気をつけよう的な精神論では人の行動変革はできません。

部下の何人かの行動にバラツキがあるわけですから、一対一の対話を通じて、なぜそのような行動を取ったか、について本人の心理的な原因・作業環境要因などを解明し、お互いの約束をしないといけません。これをコントラクトと言います。

そのうえで行動内容を客観的に評価し、さらに対話指導を通じた行動変革をはかるのです。「気をつけよう」管理は最も悪い事例です。これを書き物管理と言います。

(3)「やりっぱなし」意識の排除

良い現場と悪い現場を区別する基準は何かと考えると、それはプロセスだと思います。

結果はプロセスで決まるのです。結果オーライで済ませてしまう現場が悪い現場です。プロセスが良かったかを常に問う現場が良い現場です。

A食品会社の社長さんは常に「仕事はPDSAでやってくれ」を社員に求めています。Pは段取りです。Dは作業そのもの。Sは作業が終わったら、何か学習してほしい、考えてほしい。そしてAでは、次の作業に何か活かしてほしい。仕事に対してこのような姿勢を常に求め続けています。単純な作業でも“やりっぱなし”にするな、ということです。仕事は常に進化させるものです。やりっぱなしにさせると、現場はマンネリ化しやすいのです。マンネリは人為ミスの巣と考えて間違いありません。

3.2.3　基本動作の習慣化による感度向上

(1)「3S・3定」の習慣化

3S(整理・整頓・清掃)・3定(定位置・定姿・定量)はものづくり現場の基本中の基本です。さまざまな人為ミス原因とつながっているので、この3S・3定活動が重要であることは言うまでもありません。

しかし目的はそれだけではないのです。3S・3定活動は“しつけ”によって習慣化するまで繰り返してほしいのです。誰でも反射神経で「使用頻度の高い物は人の動線上にすべて定位置化・定姿化・定量化され、その状態が維持されている」ことが良い習慣化の第一歩だと考えます。整理・整頓・清掃活動は繰り返し訓練する習慣化の基本メニューと考えてほしいのです。これができなければ、人為ミスの未然防止などできるはずがありません。

(2)「基本動作」の習慣化

40年近く無事故無違反のタクシー運転手さんにその秘訣を聞く機会がありました。1つ目の秘訣は「もらい事故」を減らすために白い車を選ぶ、2つ目は変化点で事故しやすいので、追い越しはしない、また、右折や左折は指差呼称と声出し確認で慎重を期す、３つ目は交差点での事故が多いので、交差点では絶対に徐行すること。この３つを厳守して事故を予防しています、と自信たっぷりに話していただきました。

どんな職場にも人為ミスを起こしにくい人がいます。その方は、前述のタクシー運転手さんと同様に、ミスを呼び込みやすい作業を知っていて、例外なく自分なりのノウハウを持っています。ミスを起こしにくい人がやっているノウハウは次のようなものです。

★　指差呼称
★　声出し確認
★　手順の再確認
★　ペンでなぞる、記述してみる
★　中断時点の「見える化」
★　最後にもう一度セルフチェック
★　作業を中断させない(中断する場合は、中断時点の「見える化」)
★　同時並行作業をしない
★　短期記憶は即行動
★　慣れた作業は標準遵守を自分に言い聞かせる
★　急いでいるときほど、間を入れる
★　時間管理して仕事をする

これらを参考にして、人為ミスを防ぐための自分自身の基本動作を、表3.1 のセルフチェック表にまとめ、見える所に掲示します。「ミスが起きやすいところ(図 3.5)」と「そのとき自分がとるべき行動」を関連づけて作成することがポイントです。地道な取組みですが、一人ひとりが自分自身の弱点を意識することで人為ミスはかなり予防できます。基本動作が習慣化するまで、繰り返し、繰り返し自己訓練を積みます。

(3)「リスク対応」への習慣化

品質問題に真剣に取り組んでいる現場ほど、発生した品質不良や人為ミスに対して「なぜ発生したか」だけでなく、「発生すればどうなるか」というリスク教育を徹底して実施しています。

表 3.1　セルフチェック表

ミスしやすい所	セルフチェック項目

- やりにくい作業
- イライライする作業
- ヒヤリハット
- いつもと違うやり方
- 判断ポイントが複数重なる
- 同時並行処理
- 作業中断
- 魔の時間帯
- 仕事の慣れ
- まとめ作業
- 変化の直後
- 錯覚(斜めの感覚は鈍感)
- 記憶頼りの作業
- たまにやる作業
- 長期休暇明けの作業
- 初めてやる作業
- あせっているとき
- プレッシャーがかかったとき
- 長年ほとんど問題が起きないで、マンネリでやっている作業
- 意味のない数字列の記憶作業
- チョイ置き、チョイ書き(短期記憶)
- 例外作業
- 緊張が解けた瞬間

図 3.5　人為ミスが起きやすいところ

R 社は、年度内に発生した人為ミス対策書をすべて掲示して、朝一番の朝礼時に、その中から数点選んで、どのような動作が人為ミス原因になったか、後工程にどういう影響を及ぼすか、について全社員を集めて毎日研

修を実施してから作業に入ります。この活動を十数年継続しています。焦点を当てるべきは動作なのです。もちろん顧客クレームゼロ連続5年間などの高い目標値をクリアしていることは言うまでもありません。

Y社は、人為ミスが出ないことがものづくり現場の基礎と位置づけて、礎（いしずえ）道場と名づけ、前日に発生した人為ミス対策書の内容を朝礼時に工場全員で学ぶ習慣を継続しています(発生ゼロのときは実施しません)。ここでも重視するのは動作です。

このように微妙な作業動作の間違いから人為ミスが発生することを学び、動作を繰り返して訓練することがリスク対応につながるのです。

また、保守やメンテナンス作業など社外で業務を行うH社では、過去に発生したトラブルとその対策をデータベース化し、すぐに検索できるようにした“過去トラデータベース”を活用し、人為ミスの発生しやすい状況と対策内容を共有化させています。

3.3　製造業でのA-KOMIKを活用した取組み

3.3.1　A-KOMIKとは

A-KOMIK(図3.6)のように、製造現場の監督者が行う日常管理活動をステップ別に並べた造語です。

今ある標準をスタートに、SDCAのサイクルを回して行われる監督者の日常管理との違いは、A(あいまいさを見つける)からスタートするところです。このため、未然防止型日常管理サイクルと名づけています。

A	あいまいさを見つける
K	決めごとを**決める**
O	決めごとを**教える**
M	決めごとを**守らせる**
I	**異常**を見つけ処置する
K	よりよい決めごとに**改善**する

図3.6　未然防止型日常管理のステップ

なお、A-KOMIKをさらに詳しく学びたい方は、拙著『A-KOMIK・日々管理で防ぐ人為ミス』を参考にしていただければ幸いです。

3.3.2　A-KOMIKの教育訓練

A-KOMIK活動のねらいは、現場の作業の中から“あいまい”にされていることを見つけ出して、これを標準化し、誰でも同じ手順、同じ時間で、しかも同じ品質でできるようにしていくことです。この活動の主体となる、日常管理の主役である監督者を中心に、関係する技術や品質管理スタッフも加えA-KOMIK実践トレーニングを実施します。

図3.7は現在実施している訓練カリキュラムの一例です。

A-KOMIK実践トレーニングは、「講義＋演習＋宿題＋発表」を1セットとして、1カ月に1テーマのペースで進めていきます。最大の特徴は、OJC方式(on the job checking＝職場の課題を演習テーマに取り上げ、実際の改善活動(実践)を通じて手法を理解し、発表内容に対して個別指導・アドバイスをするやり方)で進める点です。

A-KOMIK実践トレーニングでは、教材の準備や課題の設定などすべて

回数	習得するスキル	研修テーマ	演習テーマ
第1回	標準化スキル	A-KOMIK基本研修 3S・3定研修	物の管理状態評価 活動計画書作成
第2回		品質危険予知研修(Ⅰ)	イメージトレーニング
第3回		品質危険予知研修(Ⅱ)	標準化トレーニング
第4回		作業の安定化研修	5定法マトリックスによる 作業の安定度評価
第5回	標準の維持スキル	変化点管理研修	変化点分析シート作成
第6回		異常管理研修	職場の異常事例集作成
第7回	A-KOMIK実践研修(実務移行)		研修終了後の活動計画書作成
第8回	仕事の教え方 スキル	仕事の教え方研修	作業分解シート作成 暗黙知の形式知化
第9回	A-KOMIK活動成果発表会		

図3.7　A-KOMIK実践トレーニングプログラム

自分たちで話し合い、協力して準備します。座学と実務を一体化させ、自分たちで考え、自分たちでトライすることにより、計画立案力はもちろん、コミュニケーションスキルやリーダーシップなども大いに開発されます。

3.3.3　A-KOMIK 全社活動(自工程完結活動)

A-KOMIK 実践トレーニングでは、研修テーマは毎月変わるため、1 カ月サイクルの講座では完全解決には至らず、時間切れでさまざまな改善課題が積み残されていくことになります。

そのため、A-KOMIK 実践トレーニング終了後、やり残し課題を中心に、管理監督者主体の品質改善チームを再編して、1～2 年かけて課題をすべて解決していくことをお勧めしています。実際に多くの会社では、既存の方針管理活動や QC サークル活動と結びつけて、A-KOMIK の全社展開を図っております。

M 社では、全社活動として A-KOMIK を進めるやり方を「自工程完結活動」と名づけています。自工程完結活動とは、従業員一人ひとりが、後工程(それぞれの顧客)のことを何よりも先に考えて、決して悪いものはつくらず、仮につくってしまっても後工程には流さないということを意味します。

A-KOMIK でめざす姿は、“MQA(My Quality Assurance) 自分で造ったものの品質を自分で保証する”ことなので、まさに自工程完結活動と目的を共有しているのではないでしょうか。

(1)　課題の整理

職場単位で課題を整理するところからはじめます。図 3.8 に示すフォーマットを使って、職場ごとに、A-KOMIK 実践トレーニングで取り組んだ課題とやり残した課題及び横展開すべき課題を分けて一覧表に整理します。

●●職場

工程名	3S・3定	QKY Ⅰ	QKY Ⅱ	作業の安定化	変化点管理	異常管理	仕事の教え方
A	A-KOMIK 実践トレーニングで取り組んだ課題						
	A-KOMIK 実践トレーニングでやり残した課題 新たに発見し今後改善しなければならない課題						
B							

図 3.8　課題の整理

(2)　課題の色分け

管理監督者主体の活動として取り組む課題(A)と QC サークル活動のように作業者を巻き込んで取り組む課題(B)に色分けをします。全社活動ですので、(A)は黄色、(B)はピンク色、解決した課題は青色など、使う色は統一しておくとよいでしょう。

(3)　活動計画書の作成

A-KOMIK 活動では活動計画書を重要視しております。“段取り八分”という諺がありますが、「見るだけで改善内容がイメージできる」計画書が作成できていれば、それを見ただけで改善成果が達成できることが確信できます。繰返しになりますが、改善活動には多くのメンバーが参加するため、計画はリーダーの頭の中にあり、「やりながら考える」活動の進め方は効率的ではありません。どのような手順で、どのように改善を進めていくか、活動の全体像を、活動をスタートさせる前に明確にしておく必要があります。

A-KOMIK 実践トレーニングで、活動計画書の作成を訓練することはもちろん、A-KOMIK と名のつく活動では、活動スタート前に計画のヒアリングを行うプログラムとしています。

(4)　活動のフォローと成果発表会

会社の活動として実施することは何でもそうですが、“やる場”だけでなく、“発表の場”を設けることが重要です。そして成果発表会はセレモニーで終わらせることなく、きちんと評価をすることが重要です。

3.3.4　A-KOMIK アドバンスコース

A-KOMIK 実践トレーニング終了後、そのまま A-KOMIK 全社活動に進むと短期間で A-KOMIK が定着します。しかし、いろいろな事情で少し間隔が開いてしまう場合もあります。その間 A-KOMIK を自主運用することになります。

A-KOMIK 実践トレーニング終了後は、年に1回から2回程度引き続き

表 3.2　A-KOMIK アドバンスコースカリキュラム

回数	主な内容	宿題・備考
第1回	事前教育	職場診断の実施 ①　A-KOMIK 診断による課題の絞込み ②　改善チームの編成 ③　活動計画書の作成
第2回	活動計画書のヒアリング • 時間割制 • 上司の立ち会い	改善活動の実施（約3カ月間） ①　必要に応じて活動計画の修正 ②　改善活動及び活動のまとめ
第3回	事前現場チェック • 時間割制	発表資料の作成 ①　指摘事項の追加改善 ②　発表資料の作成⇒提出
第4回	成果発表会	評価を実施
オプション開催	補習	該当者なしの場合は実施しない

A-KOMIK活動成果発表会を独自に継続開催することを提案しております。しかし、1カ月サイクルで改善し、1カ月に1回発表するノルマがある勉強会とは違い、生産目標を達成しつつ、自己管理のもとに地道に改善活動に取り組むのは難しく、自力で継続できるのはごくわずかというのが実情です。

そこで、実践トレーニング終了1～2年後をメドに、A-KOMIKアドバンスコースというプログラム(表3.2)を提案しております。A-KOMIK実践トレーニングの修了者の中から希望者を選抜し、A-KOMIKで勉強したことを実務にどのように応用するかを習得していただくものです。

(1)　A-KOMIK職場診断

図3.9に示すチェックリストで職場診断を実施します。

あいまいな評価を除くため、評価基準からは「3」と「1」を除いておくことがポイントです。取り立てて良くも悪くもない場合に、あまり考えずに評価「3」選択しがちです。日本人は特にこの傾向が強いように思います。また、数値評価でない場合、評価「2」と評価「1」に明確な基準を設定すること自体に難しさがあります。はじめから評価「1」を除いておく方が簡単です。

評価結果が「2」及び「0」の場合は評価の理由を記入します。優先順位は、自身の管理項目や方針管理の取組みテーマを考慮して決めるとよいでしょう。最後に「課題選定理由」を記入して完成です。

(2)　活動計画書のヒアリング

優先課題を絞り込んで活動計画書(図3.3、p.69)を作成します。事前教育から約1カ月後をメドに、上司立ち会いのもとで活動計画書のヒアリングを実施します。優先順位の判断に問題はないか、選択した課題が妥当か、目標値が具体的かなど、1人ずつ時間割制で個別にヒアリングで確認します。

(3)　事前現場チェック

A-KOMIK実践トレーニングは集合教育の形態をとっているため、実際

区分		評価項目	評価基準				評価理由	優先順位
			5	4	2	0		
A－K（K）	1	作業に使う物の3S・3定がしっかりできている						
	2	作業レイアウトや作業姿勢が作業者にとってやりやすくなっている						
	3	やりにくい作業、危険な作業がない						
	4	作業の途中で、考える、聞く、判断する、探す、迷うなどのムダな作業がない						
	5	設備のチョコ停がなく、型や治工具の可動率100%						
	6	チョイ置き、落下品、歩行や運搬の障害物がない						
	7	工場の IN から OUT がハッキリした流れになっている						
	8	歩行・監視・手待ちなど、ムダな動きをしている人がいない						
	9	多くの作業に標準作業が決められていて、人の動きにムダがない						
	10	担当している作業の良品条件が答えられる						
O	1	スキルマップが表示されている						
	2	定位置作業が守られている（打ち合わせ・不在などがない）						
	3	手順書類が初心者向けを意識して作成されている						
	4	教育訓練の時間を制度化している						
	5	ものづくりに必要な基本技能の訓練計画書（年間）があり、実施されている						
M&I	1	区分管理が徹底されている（製品／仕掛品、作業エリア／機械エリア／運搬具置き場／通路、検査前品／検査済み品　など）						
	2	異常発見時の処置ルールが明示されている						
	3	職場の正常状態が見える化されている						
	4	作業者の動きがテキパキとしており、工場内に適度な緊張感が感じられる						
	5	現場巡回の仕組みがあり、確実に実施されている						
	7	当日の工程内不良の発生状況が見える化されている						
	8	当日の時間当たりの生産高（職場別）が見える化されている						

課題選定理由についてのコメント

図 3.9　A-KOMIK 診断チェックリスト

の現場に出向いて現地・現物での指導はできません。その点をカバーするために、A-KOMIK アドバンスコースでは、改善活動の途中経過を現場に出向いてチェックするプログラムとなっています。

これも時間割制で、全員の職場を巡回して活動の取組み状況をチェックします。最終の成果発表会の1カ月前くらいに実施することで、活動の遅れを防止にもつながります。

(4)　活動成果発表会と補習

社長や役員のみなさまにもできるだけご出席いただき成果発表会を開催します。発表者の上司の出席は必須です。A-KOMIK アドバンスコースでは、正式に評価を実施します。評価基準は会社により若干変わりますが、「活動計画書」を重視する点は各社に共通です。

なお、A 社では設定した基準をクリアできなかったメンバーには後日上司の立ち会いのもとに補習を実施していますが、補習についてはオプション開催としています。

3.4　リスクマップ分析を活用した取組み

なぜ人為ミスは繰り返し再発するかについて考えてみたいと思います。再発原因の1つ目は、人為ミス発生時の現状スケッチがしっかりできていないこと。2つ目は、現状スケッチがしっかりできていないので、原因系の特定が“あいまい”になってしまうことです。このため、対策が表面的なものになってしまいミスが再発するのです。

この問題をクリアするためには、常に「なぜ、人為ミスが発生する前に、適切な手が打てなかったのか」「なぜ、発生の予測ができないような心理状態が生じたのか」という思考プロセスを訓練する必要があります。この思考プロセスを訓練するためには、リスク分析表(表 3.3)を作って、未然防止活動に結びつけることが最もよい訓練法です。訓練を重ねることによって、少しずつ仮説の設定力が開発されてきます。

ソフトウェア開発やサービス業など製造現場を持たない会社、また、ク

表 3.3　人為ミスのリスク分析表

○	すぐできるもの
●	期間を要するもの

工程名 / リスク内容						
1. 事実を間違って認識しやすい作業はないか？	具体的な作業名	○	具体的な作業名	●		
2. 意図とは違う行動を取りやすい作業はないか？						
3. 判断間違いしやすい作業はないか？						
4. 精神的・身体的な限界を超えやすい要素作業はないか？						

レームゼロはもちろん、工程内不良もほとんど発生しない製造現場では、A-KOMIK の考え方をベースにしたリスクマップ分析を活用して人為ミスの未然防止活動に取り組むことを提案しています。

リスクマップ分析は、第１章で人為ミスの発生メカニズム及び 13 の心理メカニズムとは何かをしっかり学習し、第２章の TSB で個別対策をある程度やった後に取り組むことが前提になります。モデル職場を選んで、次のような手順で進めます。

1）　リスク分析表を作成する

作業の中に、どんなリスクが潜在するかを関係者で予測して書き出します。このときに、過去の人為ミス対策書が参考になります。

2）　改善の難易度を評価する

どのような要素作業が４つのリスクを抱えているかをすべて書き出したら、右側の小さな欄に「すぐできるもの」には○印を、「期間を要するもの」には●印と区別し、評価します。

3）　優先順位を決めて改善に取り組む

活動計画書(図 3.3、p.69)を作成し、改善活動に取り組みます。

第4章

あらゆる職場で使えるA-KOMIK

どのような職種、業態であっても、そこで働く人たちにとって“品質不具合ゼロ”、“人為ミスゼロ”という目標は共通だと思います。このめざす姿、ありたい姿や活動のプロセスを具体化したものがA-KOMIKです。

しかし、A-KOMIKはある程度繰返し性の高い工場を想定して考案した手法なので、業務の特性により、A-KOMIKサイクルを完全に回せない部分が必ず生じてきます。

本章では、製造、事務などのスタッフ業務、設計などの知識集約的業務、設備メンテナンスなどの専門性の高い業務、ビル清掃やスーパーのレジ業務などのスキル業務、建設工事など、さまざまな業務でA-KOMIKを有効に活用する方法について解説します。

4.1　未然防止型日常管理　A-KOMIK

世の中には一年間品質不具合ゼロ、人為ミスゼロを達成している会社があります。筆者はこのような会社をダントツ企業と呼んでいます。このめざす姿、ありたい姿や活動のプロセスを具体化したものがA-KOMIKです。

第3章でも簡単に触れましたが、A-KOMIK(p.76、図3.6)は、製造現場の監督者が行う日常管理活動をステップ別に並べた造語です。

「現在使っている標準類には、まだどこかに問題があるはずだ」という現状否定で日常管理活動に取り組むところに特徴があります。これが最初のステップ、A(あいまいさを見つける)の意味するところで、攻めの日常管理です。このため“未然防止型日常管理”と名づけています。

A-KOMIKのめざす目標は、人為ミスゼロの職場づくりです。そのために改善サイクルを回します。人為ミスの未然防止に効きの大きな6つのアクション系の弱点を改善してレベルアップしていきます。つまり、「点」の改善を「線」につなげ、さらに「面」の改善に拡げていくことで人為ミス原因を未然に摘み取っていくのです。

4.2　A-KOMIK のありたい姿

どのような業種であっても、誰がやっても、同じ品質で工数のバラツキが小さいやり方のことをベストウェイと言います。作業をベストウェイでやるためには、条件の基準や手順の標準を最適なレベルまで追及しなければなりません。そのベストウェイを訓練し、いつでも100%再現できれば競合相手に勝ち続けられるでしょう。

しかし、所詮は人間のやること、必ず想定外のトラブルが発生してきます。これが異常です。異常とは品質トラブルの前段階、芽ばえのことです。トラブルの芽はいつでもどこでも発生してきますから、これを早期に発見して芽を摘んでしまえば職場の人為ミスはなくなり、Q(品質)、C(原価)、D(納期)はダントツをめざすことができます。

表4.1　A-KOMIK のありたい姿

A	未然防止型日常管理を機能させるための組織があり、職制の3つのスキル(標準化・指導訓練・標準遵守)が訓練されている。
K	作業者から見て“あいまい”で“やりにくい”問題点が改善され、職場の正常状態が見える化されている。
O	業務内容に応じて教え方が標準化され、基本技能及び標準どおり作業するための訓練の仕組みがあり、さらに作業標準を守ることの重要性が教育されている。
M	①　作業者自身が標準作業を守ろうとする働きかけの仕組みと仕掛けが考えられている。 ②　作業者が標準作業などを守っているか監督者が遵守チェックする仕組みと仕掛けが機能している。
I	常に標準どおり作業ができるように異常管理が展開されており、小さな異常も先送りされずに手が打たれている。
K	人為ミスの発生が目標値以内に抑えられるまで、A-KOMIK による攻めの日常管理が維持されている(日々改善が活発に展開されている)。

A-KOMIK のありたい姿をステップ別にまとめたものが表 4.1 です。

【A】ステップでは、監督者が未然防止型日常管理をやれる体制になっていることが求められます。

【K】ステップでは、誰でも標準類を見るだけで作業がリズミカルにやれるようになっていることが求められます。

【O】ステップでは、作業に応じた訓練が十分に実施されていることが求められます。

また、指導訓練のやり方も標準化されていなければなりません。

【M】ステップでは、100％標準作業が守られるような遵守活動の展開が求められます。

【I】ステップでは、異常の芽を早期に捉えるネットワークの構築が求められます。

【K】ステップでは、人為ミスゼロをめざして基準や標準を“よりよく”するための継続的な改善活動が求められます。

人為ミスの発生を限りなくゼロに近づけるためには、A-KOMIK サイクルを何度も回し、プロセスの網目をできるだけ細かく張り巡らすという「緻密な活動」を繰り返し、ベストウェイを追究し続ける必要があります。

4.3　製造業と非製造業における A-KOMIK 活用の違い

人為ミスの未然防止には、職種・業態の例外なく A-KOMIK が有効な手段となりますが、そのためには、A-KOMIK の考え方を自社に合わせて重点指向していく必要があります。特に、設計などの知識集約的な業務は、業務共通の標準類はつくることができますが、仕事の特性として個人プレーが多くなり、スキルもバラバラで、教えて、守らせて、異常を見つける、と管理活動を続ける難しさがあります。設備メンテナンスなどもこれに似通ったところがあり、A-KOMIK サイクルを回しにくい業務です。ビル清掃などのサービス業務は一人ひとりのスキルや意識格差が大きく、さらに職場が分散しているため【M】や【I】に管理コストをかけられないという特徴があります。

個人プレーが重視される非製造業では、個人の作業そのものをA-KOMIKサイクルで回すことが重視されます。プロジェクト単位ではA-KOMIKサイクルを回しにくいので、どこに重点を置いた管理をやるかがポイントとなります。

4.4　製造業における A-KOMIK

4.4.1　繰返し性が高い工場生産

繰返し性の高い生産ラインほど改善活動が盛んで、これまでさまざまな改善手法にチャレンジしてきているため人為ミスは少ないはずです。また、工程内不良や人為ミス件数などの実績データによる管理も行き届いています。A-KOMIK が最も適している職場です。A-KOMIK を愚直に回すことにより人為ミスは驚くほど減らせるはずです。

現に、T 自動車などは日常管理活動に徹底して取り組んでいる結果、社内の品質不良や人為ミスはほとんど発生しないと聞きます。

第3章で A-KOMIK 実践トレーニング、A-KOMIK 全社活動(自工程完結活動)、A-KOMIK アドバンスコースなどの事例を紹介しましたので、ここでは、さらに上のレベルをめざす方々に A-KOMIK 上級コースを2つ提案します。

(1)　管理の3要素のレベルアップ

第1章、第2章でも繰り返し述べておりますが、管理の3要素とは、「標準化」「指導訓練」「標準遵守」で、監督者が行う日常管理の主要テーマで

表 4.2 管理の 3 要素のあるべき姿チェックリスト

区分		チェック項目	合格	不十分
標準化	1	使用頻度に応じた物の管理が 3 定化(定位置・定姿・定量)されている		
	2	前準備、段取り替え、繰返し作業、非繰返し作業、後片付けの作業整理ができている		
	3	人に作業を合わせて作業を設計している		
	4	作業要領書、標準作業組合せ表、工程管理特性一覧表、QC 工程表などが準備されている		
	5	作業要領(成否・安全・やりやすく)まで書かれた作業手順書になっている		
	6	サイクル作業のバラツキは ± 3 %以内である		
	7	工程管理特性は基準値と変化点が明確になっている		
	8	QC 工程表は工程ごとの品質特性が明確にされている		
	9	QC チェックリストが重くなり過ぎないように、定期的に見直しがされている		
	10	作業標準類の改訂サイクルが決められている		
指導訓練	1	自社に必要な技能が明確になっており、スキル評価に展開されている		
	2	新人の教育訓練手順がある		
	3	新人を短時間で一人前にする指導法が標準化されている		
	4	仕事の内容に応じて教え方を標準化している		
	5	微妙な感覚の習得を要する作業の訓練制度がある		
	6	ベテランの暗黙知を形式知化できている		
	7	定期的にスキル評価をやっている		
標準遵守	1	指示を出す監督者が決まっている		
	2	標準の遵守違反が日常化していない		
	3	標準不履行がもたらすリスク教育をやっている		
	4	監督者自らが作業に没頭していない		
	5	標準遵守活動はスケジュールを決めて実施している		
	6	変化点管理活動、異常管理活動が展開されている		
	6	職場の正常状態が見える化されている		
	7	人為ミス対策書を通した実践教育をやっている		

す。この3要素の管理水準をあるべき姿に近づけることにより人為ミスを未然防止していくという考え方です。

表4.2は管理の3要素別に「あるべき姿」をまとめたチェックリストです。このチェックリストを活用し、自職場の絶対に人為ミスの発生しない「あるべき姿」をイメージして、そのイメージから現実にやっていることを診断し、乖離の大きなものから改善していきます。

管理の3要素のレベルアップにおいては、監督者による「あるべき姿」のイメージ力がとても重要になります。あるべき姿から、現場・現物・現実をバックキャスティングし、課題を設定するためです。これまで慣れ親しんだ“問題解決型”ではなく、“課題設定型”の改善活動にぜひチャレンジしてください。

(2)　作業に内在する危険因子対策

作業自体の中にも人為ミスを呼び込みやすい危険因子がたくさん含まれています。このように通常よりもミスが起きやすい作業は、作業の中から危険因子を取り除いてしまうとミスが発生しにくくなります。また、こういうことを知って、作業者に危ない作業を認識させるだけでも人為ミスの未然防止には大きく役立ちます。

これまでの経験から、ワンランク上の未然防止に向けてチャレンジいただくためのガイドとなるよう、実務において、誰でも直面しやすいものを“作業に内在する危険因子30”としてまとめました。品質教育を考えるうえでも、未然防止活動に取り組む際にも参考になるものです。

①　指示系情報が分散してファイルされている

製造指示書、作業手順書、部品一覧表、検査基準書、QCワンポイントなど作業に必要な標準類はたくさんあります。作業の指示系情報が別々の場所にファイリングされていると、急いでいるときなどは、重要な情報以外は面倒くさがって確認を省略しやすくなります。

作業に必要な標準類を、作業している場所に近いところにまとめて置くだけなのですが、これがなかなかできません。また、置き場を決めてもい

つの間にか崩れてしまいます。きちんと確認さえすれば防げたミス、標準を守って作業さえすれば発生しなかったミスがあまりにも多く残念です。

② 文字だけの作業手順書

文字だけの作業手順書は読解するのに多くのエネルギーを要します。読む、覚える、理解する、に負荷がかかり過ぎて、いやだなあ、面倒くさいなあといった抵抗感が出てきてしまいます。ましてや最近のデジタル世代はイメージで全体像をつかむことに慣れ過ぎて、文字を最後まで読み切ることをすごく嫌います。

また、文字だけではどうしても伝えられないものもあります。例えば、薬の袋や説明書にはさまざまな注意書きがありますが、種類が多いと一つひとつ覚えるのが大変です。

製薬会社などでは、ピクトグラムと呼ばれる絵文字を使ってもらうこと

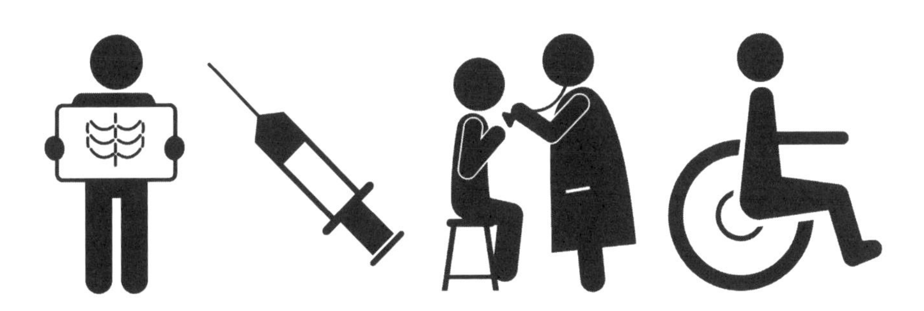

によって簡単に説明でき、視覚に訴えるので間違いが格段に減るそうです。

作業者は見やすい、わかりやすい、行動しやすい、を求めています。抵抗感を与えないで一目で理解してもらうためには、絵、図、写真、現物などをうまく活用することが求められます。

③　よく似た形状・大きさ・色の物の中から特定の物を選ぶ

物を選ぶためには、人は必ず“違い”で判断しようとします。似た形状・大きさ・色の違いを見つけるためには、作業者に大きな負荷がかかります。見て判断する視覚脳と判断脳に負荷がかかり過ぎて、選ぶという運動脳の機能が低下しやすいのです。

ある病院で、胃の内視鏡検査受診者５人にミントオイルと劇薬のホルマリンを間違えて投与したという医療ミスを起こしました。原因を究明したところ、ホルマリンとミントオイルは同じ置き場所に、同じ大きさ、同じ形状のボトルで保管されていたそうです。同じようなミスは部品などのピッキング作業でも多く発生します。

④　たくさんの物の中から１つの物を選び出す

たくさんの中から１つを選び出すためには全体を把握しなければなりません。すると、どうしても集中力が全体に向かいやすく、特定の物を選ぶ段階で集中力は分散してしまいます。つまり、選び間違いが発生しやすいのです。

決められたサイクルタイムで組付けをしている作業者に、「この中から不良品を選別しながら使うように」と指示した場合、作業者は組付け作業の他に選別作業にも神経を使わなければならないので、組付けミスが発生しやすくなります。

⑤　作業の対象物が逆光などで見にくい

「工場で太陽光が入ってきやすい窓側を向いて作業してはいけない」と先輩から教えられた経験があります。光線は悪さをしやすいということです。光の反射しやすい物の外観検査などでは、反射光の影響を計算する必要があります。ガラス面の汚れやキズを発見するにはガラスへの傾斜角15度から30度でくっきり見えるようになります。

印刷物の色彩チェックは外部の反射光を遮った暗幕の中でないと微妙な検査はできません。また夜間では光線の具合で車の塗装が実際と違って見えることがあります。

⑥　文字や数字が見にくい、わかりにくい

文字や数字を使った作業にはミスが入り込みやすいと思うべきです。1(数字)とI(アイの大文字)とl(エルの小文字)の読み間違い、0(数字)とOとQの読み間違い、5と6、6と8、3と8、1と7の読み間違いなどいくらでもあります。

文字や数字や記号は小さ過ぎたり、インクが薄くなったり、汚れたりすることで間違が生まれやすいのです。人はその間違いを減らすために前後の脈絡からあいまいなところを補正しますが、急いでいるときなどは、自分のありたい数字や記号を選んでしまうのです。

⑦　思い込みと場面行動

人間は、わからないことに出会うと、周りの情報や、過去の経験や知識を総動員して、安心できる判断モデルを作ろうとします。人間にとってわからないことは不安で、できるだけ早く不安から逃れたいという心理が働くためです。

しかし、経験や知識が足りないと、直感で補おうとします。ただしこの直感が正確かどうかはわかりません。まずは安心したいだけなのです。直感で判断する行為はまさに“思い込み”で行動するということです。このやり方は結果のバラツキが大きく、人為ミスに直結します。

また、人間は瞬間的に1点に集中力を絞り込みやすい特徴も持っています。ここでは“場面行動”と名づけています。“子供がボールを追いかけて道路に飛び出す行為”などがその代表的な事例です。日頃親から「道路に飛び出すと車が来て危ない」と言われ、頭では理解していますが、咄嗟にその知識はカットされて、行動が優先されてしまいます。

⑧　記憶に頼ってやる作業

少し複雑な機械を分解してみましょう。ある程度機械に自信のある方なら分解はスムーズにいきます。もちろん分解しているときには、再度の組付けも頭に入れながらやっているわけです。しかし全部分解した部品を拡げて、いざ復元となると困ってしまいます。同じような部品があったり、ビスがあったりで、どこにどのように使ったらいいのか迷ってしまいます。図面があっても、難儀するはずです。このように我々の記憶ほどあいまいなものはありません。だから、小集団活動などで機械の分解修理するときには必ず写真で記録しながら分解していきます。

仕事も同じです。記憶ほどあいまいなものはありません。特に微妙な加工や組付けノウハウなどは時間とともに忘れてしまうはずです。

ある会社で作業手順書のない作業をリストアップしてもらい、最初に指導された技術標準書と比べてみたところ、数年のうちにまったく逆に伝えられ教えられていた作業が20〜30％見つかりました。これが記憶の怖さです。

⑨　外観検査などの官能検査

外観の状態を目視で行う検査は、もうちょっと悪ければ不良品になる良品限界と、もうちょっと良ければ良品になる不良品限界がとてもあいまいです。さらにこの範囲が作業者の心理状態によって動きやすいので、ここで判定ミスが発生する可能性が出てきます。

さらに良品限界も不良品限界も作業者のイメージに頼るところが大きいのですが、このイメージは記憶と同じで時間の経過とともに劣化していく恐れもあります。定量化できにくいこの“あいまい部分”が悪さをしやすいだけに、官能検査は危ないという認識が必要になります。

⑩　ベテランの暗黙知が伝承されていない作業

一般的に作業手順書には、問題が発生するたびに“作業ポイント”が追加されていきます。作業ポイントはこれまで蓄積されてきた現場の重要なノウハウで、品質を造り込むポイントです。にもかかわらず、作業手順書に作業ポイント追加記入し、一度作業者に説明しただけで「できるはず」と思っている監督者が多いことが問題です。

設計業務でよく発生する事例ですが、類似製品をもとにCAD図面を変更して製品図面を描くとき、もとの図面と変更した新図面とのCAD画面の境界部分で「数字の化け」が発生しやすいのです。これはベテランなら誰でも知っている注意ポイントです。若い設計者はこういうベテランの経験してきたノウハウを知らないまま人為ミスに悩まされているのではないでしょうか。

⑪　まとめ作業

品物を箱に詰めて荷造りし、宛先伝票を貼り付けて発送するという単純な作業でもミスは発生します。現実に筆者の事務所でも誤送付のミスが発生しました。担当者が封をしたり、伝票を書いたりという作業をまとめてやったことが原因でした。

このように細かいところまで指示せずに自由に作業をさせると、人はどうしてもまとめ作業の方を選びやすいのですが、作業を１本道(単純作業

化)にした方がミスは減ります。

⑫　同時並行作業

設計やメンテナンス作業、事務作業などでは同時にいくつも作業が重なるケースが出てきますしかし、人間はどんなに多くの情報を受けても1つの作業しかできないようにできています。能率を上げようと同時並行作業をするのですが、逆に人為ミスも増えてしまうのです。

実際に、設計業務で3案件分まとめて部品発注し、カタログ寸法を見間違ってしまった、他業務と重なって急いでいたので、検図で手を抜いたため、寸法が合わないカバーが製作され、追加工に時間がかかってしまったなどのミス事例が発生しています。

交通ルールにおいても、車の運転と携帯操作は禁止されています。設計、メンテナンス、医療現場など相対的に人手の少ない職場ではこの同時並行作業には十分気をつける必要があります。

⑬　複雑でやりにくい作業

申請に多くの書類を照合しなければならない事務作業や、たくさんの資料やデータを使う設計業務、工程を進んだり戻ったりする特殊メッキ作業などは、複雑さとやりにくさを多く抱えています。人間は複雑なことが嫌いです。作業者から見て“○○しにくい”ものはミスの原因になりやすいと思って間違いありません。

読みにくい、操作しにくい、開けにくい、持ちにくい、見にくい、わかりにくい、歩きにくい、座りにくい、選別しにくい、これらは必ず人為ミスを呼び込みます。

⑭　1つの工程を数人でやるチーム作業

1つの工程を数人で分担する作業では、一人ひとりに同じ時間で作業を割り付けることができません。どうしても、1サイクルごとに手待ちの出る作業者とサイクルオーバーの作業者が同時に発生してしまいます。実際には前者が後者の作業を応援するように作業が編成されていますが、何かの拍子に応援に入れないことも出てきます。すると後者は次の加工に間に合わなくなってあわてます。

このような作業では、分担が明確になっていないだけに、「誰かがやってくれるだろう」という心の隙間にミスが入り込んでくるのです。

⑮　ちょっとした変化の見逃し

ロボットだと、ネジをつかむ先端のマグネットが弱くなると、そのまま正直にネジをポトンと落としてくれるから、すぐ「悪さ」がわかるけれど、人間はそのマグネットが弱くなっても、手でカバーする動きをして(これが調整)しまうので、治具が減ったことを隠してしまいます。ベテランはこういった調整スキルは高いのですが、逆に新人作業者や応援者には訓練されていない領域なので、作業者が変わったとたんに人為ミスが発生してしまいます。

⑯　中断の多い作業

中断の多い作業はまず作業者のリズムを崩し、イライラを募らせます。品質管理では初物と終わり物は必ず品質チェックすることになっていますから、中断が多いと初物と終わり物の品質チェックの頻度はとても多くな

り、作業者の側から見るとやっていられない状態になります。また作業の中断後時間を置いて作業を再開するとき、中断直前にやった作業内容があいまいになりやすいのでミスを呼び込みやすくなります。

作業中断は工場では特に不良品の後工程への流出原因として重視されており、機械ではチョコ停対策、人の作業では“やりきりじまい”が仕組みとして取り組まれているほどです。やりきりじまいとは、ライン外測定、休憩時間、トイレ休憩、話しかけられて作業を止める場合でも、決められたところまで作業を完了させてから作業を中断させるというＹ社が独自に決めたルールの名称です。

⑰　体調不良時・精神不安定時にやる作業

高い品質精度を求められる製品の組立工場などでは、作業者の体調面・精神面の調子をみるために、朝礼時に激励点検というものを行います。顔色がよくない、落ち着きがない、元気がないなどの表情を読んだらすぐに作業につかせないようにします。人は心身が不健康状態に陥ると、動作が緩慢になる、咄嗟の判断ができなくなる、集中力が低下する、作業がなげやりになる、などの悪い影響が出てしまいます。

⑱　歩行や運搬を頻繁に伴う作業

人の作業では、作業のバラツキが小さくなるほど、つまり、同じリズムで同じ作業手順で、途中で中断することなく、余分な作業も発生せずに一連の作業が完了するほど人為ミスの入り込む余地は小さくなります。

そういう視点で実際の作業を観察すると、

★　必要な部品や治具などの不足に作業の途中で気がついて探しに行く

★　物の管理状態が悪いことにより必要な物を探し回る

★　教育訓練が不足しているため、その都度上司やベテランに聞きに行く

など、作業の途中で歩行や運搬によりたびたび作業が中断していることに気づきます。

1日8時間の中で作業者がどのくらい歩行・運搬・打合せをしているか、その割合を見ることで品質レベルを調べる方法があります。一つの目安ですが、歩行・運搬・打ち合わせの割合が40％を超えたら、品質問題は深刻だと思われます。

⑲　乱雑な場所でやる作業

職場で使う治具や道具、刃具や型、仕掛品などの物が整理・整頓・清掃

されていないと、“知り過ぎ”、“気を利かせ過ぎ”、“イライラ”、“見間違い”、“気の弛み”、などの心理メカニズムが働きやすくなります。今、ここで、作業に必要な物が、必要な場所に、必要な数量だけ、使いやすい姿で置かれている、ことが人為ミスゼロの作業場のあるべき姿です。物はこのように管理すべきで、これが崩れるから作業者が必要以上の心理的なストレスを感じてしまうのです。

⑳　目立たない置き方をされている物

職場の3S・3定診断などで、「これは何ですか」「ここに置く意味は」と尋ねると答えられない場合が多くあります。物の管理状態の悪い工場ほど、端材、使うあてのない設備、型や工具、まったく意味のない物などが狭いエリアを占有して、作業動作をやりにくくしたり、人の動線を複雑にしています。

目立たない物が目立たない置き方をされていると不思議と増殖して目立つものを圧迫します。だから5Sの最初に整理が来るのです。狭い場所での窮屈な作業、複雑な動線による歩行の増加は人為ミスを引き込みやすくなります。

㉑　特急・飛び込み・変更時

特急品は“急がなければ”というプレッシャーを与えます。飛び込みは事前に組み立てていた詳細なスケジュールを崩すので、動揺を与えます。変更は暫定的・臨時的なやり方のままで作業するので立ち上がりにミスが頻発しやすくなります。

一般的には、特急・飛び込み・変更はミスの多いことを覚悟して特別管理の対象になります。

㉒　自信のない作業をやらされるとき

人は自信のないときほど失敗ストレスが大きくなって、ミスを犯しやすいので、新人を一人前に育てるには、ある程度の経験を積ませる必要があります。自動車の組立作業では一人前の基準は3000台だと言われています。

鉄道車両では4～5両は経験させないと一人前にはならないそうです。こういうプロセスを経ないで、急に担当者が休んだからと言って未熟なレベルの作業者に一人前の出来ばえを要求するから、ミスが発生するわけです。

また、バス運転者の勤務実態調査(2014年国土交通省)において、経験の浅い初任運転者に対して、業務面で特別な配慮をしていない事業者が66％に上ったというデータも発表されています。

このようなミスを、一般にはアマチュアミスと呼んでいますが、この種のミスがとても多いことが問題です。教育訓練の標準化やシステム化が遅れている証拠です。

㉓　2直・3直で引継ぎのされない作業

一般的に夜勤のトラブルは応急処置で済ませるものです。翌朝その処置内容を次の直の現場リーダーに引継ぎして、技術スタッフが揃っているときに根本対策を打ちます。これをやらないと応急処置はすぐに元に戻るからです。コミュニケーションのとれていない現場ではこの引継ぎがうまくないので、再発リスクが大きくなります。人間関係が悪いと、特にこの引継ぎがうまく機能しません。出さなくてもよい品質問題を発生させることになります。

㉔　相性の悪い人とのチーム作業

気の合った3人チームで業務用の小ロット製品の組付けを半日やってもらいましたが人為ミス不良は発生しませんでした。次に、日頃仲の悪い3人をチームにして同じ作業を半日してもらったところ人為ミス不良が数個発生しました。チームワークがいかに能率や品質に影響するかという実験の結果です。

チーム作業では後工程への気配りがとても重要ですが、相性の悪い人が後工程になると、とたんに気配りしなくなります。

㉕　異常(変だな・おかしいな・いつもと違うな)に鈍感

作業をやっていると、変な音がするなあ、この治具の動きがおかしいなあ、外観がいつもと少し違うなあ、など微妙な変化を五感で感じるときがあります。まさにこれは異常の芽が生まれた瞬間です。ちょっと手が止まった、も異常を感じたことが原因です。これが何らかの影響を受けながら徐々に育ってトラブルとなるわけです。

このようなメカニズムを理解して、異常と感じたときにすぐにアラームを上げる作業者がどのくらいいるかが問われるべきです。日頃からこのような異常感度を訓練し、異常処置の仕組みをつくってあれば人為ミスなどいくらでも未然に防げるはずです。異常に対して鈍感だからミスになるまで気がつかないのです。

㉖　いつもと違うやり方をするとき

毎朝、駅まで自転車で行って、鍵をかけて、駅で改札して、電車に乗る。これを1年365日繰り返していると習慣になります。何も考えないでもこのサイクルが身についてしまいます。この行動が習慣化することが怖いのです。例えば、その日は駐輪場に入ったときから雨が降ってきたので、急いで傘を出しているうちに電車が入ってくるのが見えた。鍵をかけることを忘れて改札に走り込んでしまうのです。しかし昨日までの習慣が刷り込まれているので、鍵はかけた気になっています。

帰りに鍵のかけてないことを発見してびっくりします。これが人間行動の落とし穴です。つまり、雨が降ってきて傘を出しているうちに、鍵はかけた気になってしまうのです。

㉗　あせりが生じたとき

決められた時間内にできそうにない、できるはずだったができない、時間だけが過ぎていく、このような状況に追い込まれたとき人は次第にバランス感覚を欠き視野狭窄に追い込まれてしまいます。この状態を別の言葉で表現すると“あせり”です。気持ちがあせって、何が何だかわからなくなってきた、という心境の中で人は大きなミス行動に走りやすくなります。

請求書、見積書、クレーム対策書などを一から作成せずに、過去に提出した類似事例を一部修正して活用する方法、時間に余裕があればやらないのに、ついやってしまう、その行動がミスを呼び込んでしまうのです。

㉘ 想定外が突然起きたとき

人が何かを考えるとき、考える範囲を決めます。この考える範囲のことを「想定する」と言います。だから想定を超えることが起きると頭の中が真っ白になり、思考停止状態に陥りやすくなり、通常であれば考えられないようなミスをしてしまうことがあります。

㉙ 斜めのものを見るとき

人手作業はものを見たり、測ったりするときの目線を考えることが重要になります。例えば　ガラス板などのキズを見つけようとすれば、上部からＳ字に視野を絞り込みで目を運んでいくとキズがとてもよく見えるようになります。漫然と全体を見ようとするとあまりキズが見えてきません。人は視野を２分の１に絞り込むと脳の判断負荷は４分の１に減るからです。

同じように、対象物がどの位置にあるかは感知力に影響します。垂直や水平の位置にあるものは強く感知しますが、斜めになると感知力が弱くなります。アナログの計器などを読む場合、斜め方向は読み間違いが発生しやすいのです。電力会社のメーターの検針では読み間違いの人為ミスが多いと聞きます。

㉚ チョイ置き品、メモの端書き

機械の上にちょっと工具を置いた、検査したワークをちょっと棚の上に置いた、などいろいろな事例がありますが、工具が落下して機械を壊したり、棚にあるワークを誰かが類似品の箱の中に入れて異品不良になったりというミスにつながります。

後でやろうと思ってちょっと書くメモの端書きはほとんど覚えていません。伝えた側はそのつもりでいますから、必ずミスにつながります。

昔はスーパーのレジで１万円札を出したのに５千円分の釣り銭しかくれ

ない、といったトラブルがよくあったものです。そのため、最近は「○○円いただきました」と復唱してから１万円札をレジに貼り付け、釣り銭を渡すようになりました。人は３秒以内にアクションをとらないと、３秒以内に起こったことを忘れやすいのです。このように短期記憶はミスのもとです。

4.4.2　多品種少量品の工場生産

製造業でも多品種少量受注生産では、ベテランが図面を見ながら小ロット製品を少人数で造ることになり、作業手順書などをつくってやることは納期面やコスト面で難しいので、ほとんど個人のスキル頼りの生産方式になります。つまり、部品と図面を相手にスキルを駆使して製品をつくりあげる、というのが一般な仕事のやり方です。ほとんどの作業が標準化になじみにくいのです。

これを組立製品の事例で考えてみます。１回当たりの注文は数台と少なく、同じような製品はあまり流れてきません。設計部門から図面が出され、これが直接に現場に図面指示されます。現場では以前手がけた類似製品を思い出しながら、図面を参考に１台ずつ組み付けていきます。多くの現場では以前のノウハウを豊富に積み上げたベテランの経験や熟練したスキル頼りに生産するわけで、管理方式も A-KOMIK 手法は使いにくいところがあります。

そこで、多品種少量品の工場生産においては、ベテランに頼り過ぎないで、共通技術の【K】と作業者訓練の【O】を重点指向することによって人為ミスを減らします。

多品種少量生産なので、つくる製品は毎回違いますが、組立作業は表 4.3 に示す要素技術の組み合わせです。これらの共通技術に対してはノウハウを標準化することが必要です。具体的には、１つの受注ロットが終わる度に、これらの共通技術のどこが作業しにくかったかをさまざまな視点から反省し必ず改良を付け加えていくのです。特に、１台ごとの製作時間について、見積もり時間との差異に焦点をあて、実績超過分の作業については徹底的に分析します。

表 4.3　組立作業の要素技術

要素技術	具体的内容
段取り替え技術	場所の使い方、使用する物の準備のやり方及び物の収納方法
部品供給技術	開梱⇒倉庫の収納法⇒作業エリアでの置き方⇒ラインサイドストアへの供給方法(水すましの機能など)
組み合わせ技術	仮締め⇒本締め、仮付け⇒本付け
ネジ絞め技術	道具の方式、トルク設定、ねじの技術
篏合(はめ合わせ)技術	すきまばめ、しまりばめ、中間ばめ
コネクション技術	コネクションのさまざまな技法
配線取り回し技術	ノイズを防ぐ配線方法
詳細レイアウト技術	人の動線・手の動線・目線を考慮した物の配置
治具製作技術	治具のパターン化、共通化、低コスト化、管理方法

4.5　非製造業における A-KOMIK

非製造業は、日常管理をはじめあらゆる領域で製造業と比べて遅れているところが特徴です。それは量産品に比べミスの影響が大きくないことや簡単にやり直しが効くことに原因があると思います。さらに、コスト計算もあいまいなので、不良損失などが全体収益に反映されないで埋没しやすいところにも原因があります。簡単に言えば経営層がサービスの損失コストやサービスそのもののコストに対して寛容過ぎるのです。だから、製造業のような専任のスタッフまで配置して改善活動を展開するなどということがありません。

したがって、人為ミスを減らすための A-KOMIK 活動は、非製造業では重点指向でスタートする、ということになります。

4.5.1　事務などのスタッフ業務

業務処理中に会議や人との対応、電話対応などの例外事項がアトランダ

ムに入ってくるので、あまり繰り返し性が高いとは言えません。ただ、作業自体は繰り返し性が高いので、マニュアル化はできます。問題は人為ミスが多くても、やり直しが効くので職場全体にミスに対しての問題意識が製造業ほど高くないことです。

この分野の業務の特徴を図 4.1 にまとめました。製造現場の作業と比べると、作業者自身の自由裁量に委ねられる部分が多く、また、人と仕事の分離ができていません。作業の改善活動も活発ではないので一人ひとりの自己責任だけが求められるようにできています。

この業務の人為ミス対策は、対策そのものがミスした本人の自己管理意識の強化に負うところが多くなります。そのため、ミスが起きるたびに TSB（トラブル・再発・防止）対策を通じて本人のミス意識を開発していくことが必要になります。加えて、TSB の事例発表会を通じた「気づきの場」を定期的に持って、個人の自己管理意識を強化させるのがよいと思います。これが、【O】の強化という考え方です。事務などのスタッフ業務では気づき力を強化する【O】が大切なのです。

◆ 作業のスケジュール化は本人任せ
◆ 例外処理が多く、ノウハウは属人化
◆ 前後工程に縛られる度合いが緩い
◆ さまざまな規程、データベース、手順書を活用して作業するが、見にくい、わかりにくい、使いにくい
◆ 事務作業の人間工学的なアプローチ（ストレスゼロ）をする仕掛けができていない
◆ ベテランのやり方が標準化され、十分な訓練がなされていない
◆ 複雑な作業のミスを防ぐためのチェックリストがない

図 4.1　事務などスタッフ業務の特徴

4.5.2　設計などの知識集約的な業務

設計標準の遵守【M】の徹底

設計の特徴として同じ製品を 2 回以上設計することはありません。しかし具体的な作業内容はほとんど繰り返しです。例えば農機具の設計では農機具を設計する共通要素があってこれらが繰り返されます。つまり、内容は少し変わるけれども情報加工工程と考えればよいのです。

設計業務においては、図面の描き方(CAD の操作法)、検図のやり方、試験方法など主要業務は、設計標準や工作基準にほとんど標準化されているはずです。人為ミスはこれらの基準や標準を守れなかったときに発生しやすいわけです。

なぜ守れなかったかと言えば、多くの場合、十分な教育訓練を受けてないためです。俗に呼ばれる「アマミス」が原因です。

また、「変更点」も人為ミスの原因となりやすいと言われています。表 4.4 に設計職場で発生した人為ミス事例をあげてみましたが、事例 1 と事例 2 は、変更の技術的検討が十分でない、変更が他に及ぼす影響を十分に考慮しなかった、などが原因と思われます。

さらに、注意力に起因する人為ミスも多く発生しています。事例 3、事例 4 とも急ぎのプレッシャーが原因で発生した人為ミスです。

設計業務の人為ミスを未然に防止するには、まずは教育訓練により設計標準を徹底的に守らせる【M】ことと、TSB(トラブル・再発・防止)活動を通じて自分の弱点をよく知ることが大切です。

表 4.4　設計職場で発生した人為ミス事例

原因系	人為ミス事例	
変更点	事例 1	部品の使い方を十分理解していなかったが、同じ機能部品なので問題ないと考えてテストなしで図面指示してしまった。
	事例 2	配線板の指示が、流用した図面のままで、変更を忘れた。
プレッシャー	事例 3	部品手配が期限ギリギリになってしまい、G14 を手配しなければいけないのに、G13 を手配してしまった。
	事例 4	出図を急がされたため、時間短縮しようと、安全カバーの取付け位置を調べないで頭の中のイメージで決めてしまい、検図もしないまま出図した。

4.5.3 設備メンテナンスなどの専門性の高い業務

作業者の初期管理【O】＋異常管理【I】

設備メンテナンスなど専門性の高い業務では、作業場所が分散しているので、いったん作業がスタートしてしまえば監督者のコントロールが効きにくい業務です。作業者の責任範囲が広くなります。また、図4.2のように対象物の専門知識がとても広い業務特性があります。

対象物の構造理解、対象物の診断技術、分解・組立のツールの知識と使い方、データベースの使い方、さらに各種マニュアルの理解など、マスターすべき分野が広いわけです。

メンテナンス業務では、対象物を診断した後、部品交換の判断が迫られます。ある会社で、「今回は交換しなくてもよい」と判断した部品が、メ

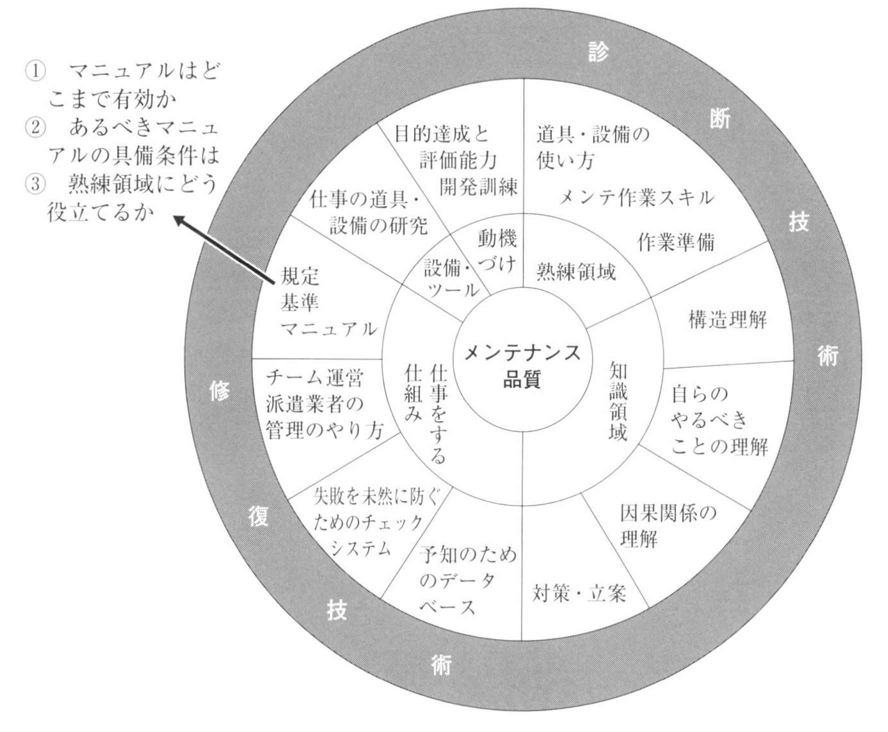

図4.2 メンテナンス品質

ンテナンス終了後すぐに壊れて、メンテナンス不良を問われたケースが頻発したそうです。このように、どこまでが使えて、どこからが交換すべきか、といった判断の深みの基準も必要になります。

外科医のケースに似ていて、優秀な医師ほどカンファレンスに時間を割き、手術前の準備に8割方の時間をかけるそうです。本番の手術内容は、ほとんど100%事前準備で決まってしまいます。

このように専門性の高い業務においては、プロジェクトごとの、監督者による“作業者の初期管理”のやり方に知恵を絞る必要があります。作業者の初期管理とは、「この作業者にこの業務ができるかどうか、どこまで任せられるか」、つまりメンテナンス技術者の力量判定・見極めのことです。具体的な内容は次のようなものです。

★　作業者にやってもらうプロジェクトのレベルと専門知識やスキルのギャップを見つけ出して集中的に指導訓練する

★　プロジェクト計画書の抜けや問題点を指導する

★　同じようなプロジェクトの過去トラ事例(過去に発生したトラブル対処マニュアル)を説明する

そのうえで、作業中困ったことが発生したときに、メンテナンス技術者の自己判断が行き過ぎないように“TSM(止めて・知らせて・待つ)”を

徹底するしつけが欠かせません。現場が離れているだけに、異常のアラームがいち早く監督者に届く仕組みを構築する必要があります。異常管理活動として、"Stop & Look（止めて、見て、確認してから作業しよう）" を合言葉にして、TSM を日々徹底したり、作業の中で困ったことや気づいたことを報告する "あいまいメモ" を残すなど、各社でいろいろと工夫されています。

また、専門性の高い業務は、特に、個人の知識レベルやスキルのバラツキの大きい業務であり、これが原因の人為ミスが多いことから、日頃から能力評価の仕組みが重要になります。

4.5.4　ビル清掃などのスキル業務

基本動作の習慣化【O】＋マニュアルで行動を縛る【K】

ビル清掃などは作業者が流動化しているのに、作業者の行動を縛る標準類があいまいで、一人ひとりの仕事の出来ばえ品質のバラツキが大きくなる傾向にあります。結果として、お客様からの苦情も多く、現場のモラールも上がっていかない、仕事に誇りを持てないなど、悪循環に陥りやすくなってしまいます。

このような職場では、基本動作を習慣化し【O】、マニュアルで行動を縛る【K】が決め手となります。掃除に使う道具などの整理・整頓・清掃や1作業1確認の徹底、慣れと闘うための声出し確認、指差呼称などの基本動作が習慣化するまで徹底的な訓練としつけがよい仕事の土壌づくりのために重要です。

次に、仕事に必要な作業の手順、条件、急所、出来ばえ品質など、作業者の行動にバラツキを発生させないための「縛り」となる作業マニュアルを詳細に作ることです。筆者の考えるミスのない清掃業務に必要な作業マニュアルは表 4.5 のようなものです。ここまで詳細に、あいまいさを残さずマニュアル化しておくことが重要です。

似たようなスキル作業でスーパーのレジ業務があります。一般に、社員よりベテランパートさんの方がレジの打ち間違いは少ないのです。これに

表 4.5　ミスのない清掃業務に必要な作業マニュアル

対象物の汚れ度合いの診断基準	
どのような道具を、どのように揃えるか	
どのような溶剤を、どのように作るか	• 溶剤の種類 • 汚れと溶剤の関係 • 溶剤の作り方(混ぜ方など)
掃除の作業手順	
どういう汚れは、どういう取り方をするか	• 溶剤の選択 • 手の動かし方
汚れ別の出来ばえ基準	
清掃作業行動基準	• 対象物が壊れたとき • どうしても汚れが落ちないとき • 計画外にお客様から指示を受けたとき • 停電など、突然異常が発生したとき

はちゃんとした理由があります。スーパーなどは目玉商品をつくって販売促進します。ほぼ毎日商品の価格データベースは変更されるため、レジの打ち間違いによるお客様クレームもかなり発生します。

そのため、ベテランのレジ係はチラシ内容を頭に入れ、レジに入る前に売り場を一回りして価格変更を現地・現物で確認するそうです。このように、ベテランになると仕事の「危ないところ」を経験的に捉えて、自主的にミスを減らす取組みを実施しています。残念ながらマニュアルにはベテランのノウハウが反映されていないので、社員や新人さんは同じミスを繰り返してしまうわけです。スキル作業には必ずこのような部分がありベテランはよく心得ているので人為ミスを起こしにくいのです。

マニュアルに完全はありません。特に、スキル作業主体の現場では、誰がやっても、同じ時間で、バラツキの少ない出来ばえ品質を実現できる活きたマニュアルづくりなくして人為ミスは減らせません。活きたマニュアルづくりのためには現場最前線で活躍しているベテランのノウハウは絶対欠かせません。ワイガヤ活動を活発に展開して、ベテランのノウハウを引き出すことがとても重要です。ミスをゼロにすればお客様から喜ばれます。お客様から喜ばれれば仕事に対する誇りが高まります。

4.5.5　建設工事などの危険業務

基本動作の習慣化【O】＋遵守活動【M】

建設工事現場は危険作業と隣り合わせにいます。いかに「ケガをしない」で正確な作業をやりとげるかが問われています。表 4.6 は、一般社団法人日本建設業連合会が 150 件の災害事例をもとに人為ミスの原因分析を行ったものです。このデータを見ると、ほとんどの人為ミス原因が網羅されていることがわかります(備考欄は筆者の原因分類と対比したものです)。

作業中に、咄嗟に避ける、平衡感覚を訓練する、身体を柔軟に保つ、などを目的に安全朝礼ではラジオ体操をやりますが、これをさらにレベルアップして、目的に沿った安全体操を開発し実施している会社もあると聞きます。特に、資材や道具類の整理整頓、使用した端材などの後始末、通路の確保、危険予知動作、指差呼称、声出し確認、オウム返し、異常処置訓練、などの基本動作は自然に行えるようになるまで習慣化しておかないと、いざというとき、行動が伴いません。つまり、基本動作を習慣化させる【O】を取り入れることが有効なのです。

したがって、安全朝礼は基本動作の訓練の場としてカリキュラム化すべきです。過去に自社の現場で起きた人為ミス事例を解析して、発生頻度の高いものをいくつかに絞り込み、それを朝礼の場で１人１件ずつ宣言して

表 4.6　建設業における人為ミスの原因分類

No.	人為ミスの原因	備考（13 の心理メカニズムなど）
1	危険作業、慣れ	慣れ
2	近道行動、省略行動	目学（めがく）
3	無知、未熟練、不慣れ	教育訓練
4	単調作業による意識低下	心離れ、気の弛み
5	錯覚	勘違い
6	中高年の機能低下	身体的限界
7	あわて、パニック	緊張
8	病気、疲労、身体的ストレス	疲労

もらいます。自分は今日、どのミス防止に取り組むか、なぜそのミス原因を選んだのか、具体的にどのような作業で、どのように気をつけるのか、をみんなの前で宣言するのです。この宣言を自己管理活動につなげていきます。これを人為ミスの遵守活動と呼びます。

建設工事現場では、“安全体操⇒基本動作訓練⇒遵守活動の徹底”から未然防止のスタートを切ることをお勧めします。

索引

【数字】
13の心理メカニズム　21，34，35，36，37，38，39，55
3H　60，61，62，
3S・3定　60，61，73
3割の原則　23
4M　62
4つの弱点　1，10
5S　60

【A－Z】
A-KOMIK　65，76、
A-KOMIKのありたい姿　86
EHMモデル　70
MQA　78
OJC方式　77
TSB　41，43

【あ行】
合言葉運動　26
あいまい指示　72
アドバンスコースカリキュラム　80
意識の飛び　15
意識の飛びモデル　16
異常　101
異常管理　109
一発良品化　70
イライラ　31，38
ウスミハシブイネ　26

【か行】
外観検査　95
過去トラデータベース　76
仮説設定　55
課題の色分け　79
課題の整理　78，79
活動計画書　68，69，79
間接原因　1，9，21，47，53
間接原因対策　57
間接原因対策のヒント　58，59，60
間接原因の特定　54，57
勘違い　23，35
監督者の責任　42，50
官能検査　95
管理　43
管理の3要素　6，50，88
管理の3要素のあるべき姿チェックリスト　89
管理の問題　1，6
記憶　94
聞き違い　23，35
危険因子　15，90
気づき力　105
気の弛み　27，36
基本動作　73，111
教育訓練　77
気を利かせ過ぎ　24，35
緊張　33，39
原因分類　114
心離れ　25，36

コンパティビリティ　60

【さ行】
再発防止　41，43
再発防止対策　45
作業環境　70
作業者の初期管理　109
作業の初期管理　62
作業の標準化　6
作業マニュアル　112
作業方法　70
残像記憶　29，37
自工程完結活動　78
事前現場チェック　81
しつけ　61
指導訓練　6，7，18，50
視野　60
詳細現象　3
職場診断　81
知り過ぎ　28，37
人為ミス　1，14，15
人為ミス原因マップ　67
人為ミス事例集　66
人為ミス対策　44
人為ミス対策書　44，46，47
人為ミスの概念図　15
診断チェックリスト　82
ずるさ　30
成果発表会　80，83
セルフチェック表　75

【た行】
多品種少量受注生産　104
単純ミス　11
チョイ置き　103
直接原因　1，6，18，46，48，50
直接原因対策　50，48，49
直接原因の特定　48
チョコ停　70
チョコトラ　70
同時並行作業　96
特別管理　62
トリプル検査　2
トレーニングプログラム　77

【な行】
なぜなぜ分析　43
慣れの曲線　11

【は行】
ハードウェア　70
発生状況　45，46
場面行動　93
判断間違い　12
ヒアリング　81
引継ぎ　101
ピクトグラム　91
標準化　50
標準遵守　19，50
標準遵守チェック活動　20
標準の遵守活動　6，8
疲労　32，39
フォローアップ　62，63
ベストウェイ　70

【ま行】
まとめ作業　95
ミスの内容　48

見間違い　22，34
目学　27，36
メンテナンス品質　109

【や行】
矢印の錯覚　10
やりにくい作業　96
油断ミス　11
要素技術　105

【ら行】
リスク対応　74
リスク分析表　84
リスクマップ分析　84

【わ行】
ワイガヤ活動　113

著者紹介

冨澤祐子（とみざわ　ゆうこ）
一般社団法人中部産業連盟　主任コンサルタント
1999年第51回全国能率連盟論文発表大会において通商産業大臣賞を受賞。
監督者の日々管理力強化に向けて訓練プログラムを開発し、さまざまな企業で強い監督者を育てるための支援に注力。
Eメール：naganoc@chusanren.or.jp

中山賢一（なかやま　けんいち）
人為ミス研究所　代表
製造現場の現場改善を45年間一貫して指導。最近は、若い監督者や監督者予備軍のみなさまが、どうしたら“やる気”“元気”を出せるかに注力し、日々管理活動と職場力の強化を主な指導テーマとする。

2人の共著として
『管理監督者のための人為ミス未然防止法A-KOMIK』（日科技連出版社、2003年）
『職場のコミュニケーションツールPASPAS』（日科技連出版社、2004年）
『管理監督者のための特訓・PDCA』（日科技連出版社、2005年）
品質月間テキストNo.365『実務に役立つシリーズ：人為ミスを防ぐA-KOMIKの実践』（品質月間委員会、2008年）
『A-KOMIK・日々管理で防ぐ人為ミス』（日科技連出版社、2010年）

あらゆる職場ですぐに使える
人為ミスの未然防止手法 A-KOMIK（エイコミック）
－人為ミスゼロ実現のための考え方と手法－

2017年3月25日　第1刷発行

著　者　冨澤　祐子
　　　　中山　賢一
発行人　田中　　健

発行所　株式会社 日科技連出版社
〒151-0051　東京都渋谷区千駄ヶ谷5-15-5
DSビル
電話　出版　03-5379-1244
　　　営業　03-5379-1238

検印
省略

Printed in Japan

印刷・製本　株式会社 リョーワ印刷

ISBN 978-4-8171-9610-1
URL http://www.juse-p.co.jp/